国家自然科学基金青年科学基金项目（42302076）资助
中国博士后科学基金第72批面上项目（2022M723380）资助
资源与生态环境地质湖北省重点实验室开放基金项目（HBREGKFJJ-202306）资助

# 青藏高原东缘两期碳酸岩型稀土成矿作用对比研究及其勘探启示

舒小超　著

中国矿业大学出版社

·徐州·

## 内 容 提 要

本书通过对里庄和大陆槽矿床的典型稀土成矿作用进行对比研究,构建了碳酸岩型稀土成矿模式,并提出了在碳酸岩相关地质环境中找寻稀土资源的详细指标,为碳酸岩型稀土成矿学及找矿勘探研究提供了有效借鉴。

本书可供相关专业的研究人员借鉴、参考,也可供广大教师教学和学生学习使用。

**图书在版编目(CIP)数据**

青藏高原东缘两期碳酸岩型稀土成矿作用对比研究及

其勘探启示/舒小超著. —徐州:中国矿业大学出版

社,2024.1

ISBN 978 - 7 - 5646 - 6009 - 3

Ⅰ.①青… Ⅱ.①舒… Ⅲ.①青藏高原－碳酸岩－稀

土元素矿床－矿物成因－研究 Ⅳ.①P618.701

中国国家版本馆 CIP 数据核字(2023)第 194543 号

| | | |
|---|---|---|
| 书 名 | 青藏高原东缘两期碳酸岩型稀土成矿作用对比研究及其勘探启示 | |
| 著 者 | 舒小超 | |
| 责任编辑 | 何晓明 耿东锋 | |
| 出版发行 | 中国矿业大学出版社有限责任公司 | |
| | (江苏省徐州市解放南路 邮编221008) | |
| 营销热线 | (0516)83885370 83884103 | |
| 出版服务 | (0516)83995789 83884920 | |
| 网 址 | http://www.cumtp.com E-mail:cumtpvip@cumtp.com | |
| 印 刷 | 苏州市古得堡数码印刷有限公司 | |
| 开 本 | 787 mm×1092 mm 1/16 印张 10.75 字数 211 千字 | |
| 版次印次 | 2024 年 1 月第 1 版 2024 年 1 月第 1 次印刷 | |
| 定 价 | 45.00 元 | |

(图书出现印装质量问题,本社负责调换)

# 前　言

青藏高原东缘新生代时期发育两期碳酸岩型稀土(REE)成矿作用,分别以川西冕宁-德昌稀土矿带北部的里庄(约28Ma)和南部的大陆槽矿床(约12Ma)为实例。二者均受控于印度-亚洲大陆碰撞期间形成于青藏高原东缘的一系列走滑断裂,成矿母岩均为碳酸岩-正长岩杂岩体,杂岩体周围广泛发育霓长岩化蚀变作用,具有不同的稀土矿化式样。两个矿床的对比研究为揭示碳酸岩型稀土矿床的成因机制及进一步找矿提供了窗口。本书基于对里庄和大陆槽矿床详细的野外地质填图、镜下显微观察和实验测试分析,构建了碳酸岩型稀土成矿模式,并提出了在碳酸岩相关地质环境中找寻稀土资源的详细指标。

本书研究发现,霓长岩化蚀变作用可导致原岩中碱性硅酸盐矿物(如碱性长石、霓辉石、黑云母)的形成,显著提升了原岩的稀土含量,并促使生成的霓长岩具有与碳酸岩相似的稀土配分形式。氟碳铈矿是两个矿床最重要的稀土矿物,常与萤石、石英、方解石和重晶石等脉石矿物形成稳定的矿物共生组合。两个矿床的碳酸岩以富含Sr、Ba、REE且具有放射性Sr-Nd-Pb同位素为特征,暗示了洋壳物质对碳酸岩岩浆源区的贡献。在成矿流体方面,里庄矿床前REE阶段为中-高温(247~384 ℃)、中-高盐度(4.2%~45.3%,质量分数,下同)且经历了流体不混溶作用;REE阶段(177~315 ℃,0.7%~35.5%)以氟碳铈矿大规模结晶为标志。相比于里庄矿床,大陆槽矿床的矿体规模更大、矿物共生组合也更为复杂。大陆槽矿床成矿流体从前 REE 阶段相对高温(278~442 ℃)、高盐度(3.2%~45.1%)且含 $CO_2$ 流体演化为 REE 阶段相对低温(147~323 ℃)、低盐度(1.1%~9.5%)且富水流体。总体来看,里庄和大陆槽矿床成矿流体具有明显的碳酸岩岩浆起源特征,前 REE 阶段经历了 $CO_2$ 相分离导致的流体不混溶作用,REE 阶段成矿体系则混入了大量大气降水,流体自然冷却、外部流体混合以及脉石矿物结晶导致的稀土络合物失稳,是控制稀土沉淀的关键因素。基于上述认识,提出了碳酸岩相关地质背景下稀土资源勘探的有利因素:克拉通边缘,活跃且频繁的矿区构造,霓长岩化作用,含萤石-方解石-重晶石的矿物组合,高氟黑云母,既含 $CO_2$ 又含子晶的流体包裹体,含 $SO_4^{2-}$、$Cl^-$、$F^-$ 等特殊离子的流体体系,相对较浅的地表水平等。

综合而言,本书按照资料收集、野外地质调查、手标本及镜下观察、室内测试分析、归纳总结的研究思路,查明了降温、流体混合及稀土络合物失稳等物理化学过程是控制碳酸岩流体体系中稀土矿物大规模沉淀的重要因素,建立了涉及成矿碳酸岩地幔源区中稀土元素初始富集、碳酸岩/碱性岩熔-流体分离及稀土元素竞争性分配、霓长岩化蚀变作用及稀土矿物大规模热液矿化等具体环节的碳酸岩型稀土矿床成矿模式,进而归纳总结出了若干条明确的矿物学或地球化学指标以指导稀土矿床的勘探开发工作。研究成果有利于丰富和完善现有的碳酸岩型稀土矿床成矿理论,为碳酸岩相关地质背景下稀土资源的找矿实践提供参考借鉴。

本书是在中国地质大学(北京)邓军院士和中国地质科学院刘琰研究员指导笔者撰写的博士学位论文基础之上,结合笔者近年来的研究工作完成的。在此谨对邓军院士和刘琰研究员表示衷心的感谢。

此外,对向本书相关研究工作提供帮助的李德良、陈超、郑旭等青年学者表示诚挚的谢意。本书的出版得到了国家自然科学基金青年科学基金项目(42302076)、中国博士后科学基金第72批面上项目(2022M723380)、资源与生态环境地质湖北省重点实验室开放基金项目(HBREGKFJJ-202306)的联合资助,同时感谢中国矿业大学资源与地球科学学院地质系在本书出版过程中给予的支持。

　　由于水平有限,书中难免存在不足和疏漏之处,敬请广大读者批评指正。

著　者

2023 年 6 月

# 目　录

第1章　绪论 ················································· 1

1.1　全球稀土资源分布 ································· 1

1.2　碳酸岩型稀土矿床 ································· 3

1.3　里庄和大陆槽稀土矿床 ························· 7

1.4　主要研究内容及其科学意义 ················· 9

第2章　区域地质 ········································· 14

2.1　概况 ··················································· 14

2.2　构造 ··················································· 16

2.3　地层 ··················································· 19

2.4　岩浆岩 ··············································· 19

2.5　矿产资源 ············································ 20

第3章　里庄典型矿床研究 ·························· 21

3.1　矿床地质 ············································ 21

3.2　地质年代学 ········································· 32

3.3　黑云母矿物学 ······································ 36

3.4　流体包裹体 ········································· 52

第4章　大陆槽典型矿床研究 ······················ 65

4.1　矿床地质 ············································ 65

4.2　地质年代学 ········································· 76

4.3　流体包裹体 ········································· 77

4.4　方解石矿物学 ······································ 87

第5章　成矿机制探讨 ································· 103

5.1　地球动力学背景 ·································· 103

5.2 成矿物质来源 …………………………………………………… 103

5.3 霓长岩化作用 …………………………………………………… 109

5.4 成矿流体特征 …………………………………………………… 111

5.5 稀土沉淀的主导因素 ………………………………………… 113

5.6 碳酸岩型稀土成矿模式 ……………………………………… 115

**第 6 章 对稀土资源勘探的启示**………………………………… 118

6.1 构造背景对勘探的启示 ……………………………………… 118

6.2 围岩蚀变对勘探的启示 ……………………………………… 119

6.3 特征矿物对勘探的启示 ……………………………………… 120

6.4 成矿流体对勘探的启示 ……………………………………… 123

**第 7 章 结论**……………………………………………………… 125

7.1 主要结论 ……………………………………………………… 125

7.2 存在问题与工作展望 ………………………………………… 126

**参考文献**…………………………………………………………… 128

**附录**………………………………………………………………… 145

# 第1章 绪 论

## 1.1 全球稀土资源分布

当今世界正面临"百年未有之大变局",新的科技革命和产业革命正在大规模加速推进。随着世界各国贸易冲突的持续发酵,资源、能源问题成为各国竞相关注的焦点之一,也成为赖以维系本国核心利益的重要砝码。近年来,在所有的矿产资源中,战略性关键金属备受瞩目。尽管世界各国对关键金属矿产资源种类的认定各有不同(如美国 35 种、欧洲 14 种),但由于关键金属具有一系列优良的物理化学性质(如难熔性、耐热性等)而广泛应用于新能源、航空航天等高新领域。具体而言,关键金属主要包括"三稀"资源,即稀有金属,如 Li、Be、Rb、Cs等;稀土金属,如 La、Ce、Pr、Nd 等;稀散金属(如 Ga、Ge、Se、Cd 等)和部分稀贵金属(PGE 铂族元素和 Co 等)(侯增谦 等,2020)。目前,关键金属已然成为国际矿床学研究的热点,也是找矿勘查的重要目标。

稀土(Rare Earth Element,简称 REE)元素是关键金属的重要组成部分,包括元素周期表中原子序数为 57~71 的镧系元素及钪(Sc,原子序数为 21)和钇(Y,原子序数为 39)。然而,由于 Sc 离子半径较小、化学性质与其他元素差别较大(在水介质中相似),而原子序数为 61 的钷(Pm)在自然界中难以存在,因此地质学领域(包括本书)的稀土元素通常为 15 种(除去 Pm 的镧系元素+Y)。稀土元素是现代高新科技所必需的重要材料,被称作"工业维生素"或"希望之土"(范宏瑞 等,2020)。中国是世界上稀土资源储量最大的国家,正如邓小平同志所说的"中东有石油,中国有稀土"。目前为止,我国已在 22 个省(自治区、直辖市)发现了稀土矿床(矿点或矿化点),但主要集中分布于白云鄂博、川西、华南三大稀土资源基地(范宏瑞 等,2020;谢玉玲 等,2020)。近年来,出于国家宏观战略的调整和国际局势的变化,中国已有降低稀土资源开采及国际供应的举措。

全球范围内,稀土矿床的主要类型包括碳酸岩型(含碳酸岩-碱性岩杂岩体型)、碱性花岗岩型、IOCG(铁氧化型-铜-金矿床)型、离子吸附型(主要针对重稀土)以及少量砂岩型[Xie et al.,2009;Weng et al.,2015],如图 1-1(a)所示。

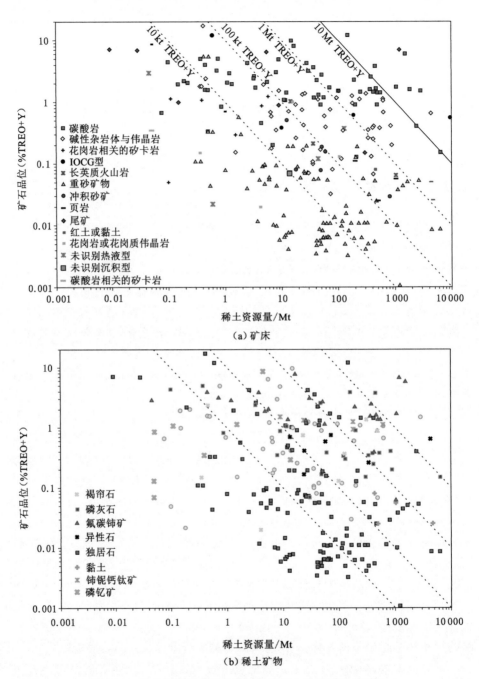

（a）矿床

（b）稀土矿物

图 1-1　按矿床类型和稀土矿物种类划分的全球稀土资源

（据 Weng et al. ,2015）

碳酸岩型稀土矿床是最主要的稀土矿床类型,其储量占全球稀土资源总量的一半以上,远高于其他类型的稀土矿床(Weng et al.,2015)。碳酸岩型稀土矿床具有品位高、储量大及钍含量低等优势,因而是全球稀土资源勘探和开发的重要靶区。就有用矿物而言,氟碳铈矿[(Ce,La)CO$_3$F]、独居石[(Ce,La)PO$_4$]和磷钇矿(YPO$_4$)是全球最重要的三种稀土矿物[Weng et al.,2015;Chen et al.,2017],如图1-1(b)所示,主要赋存于岩浆-热液型矿石中。碳酸岩在所有的火成岩中稀土含量最高,平均含量为$(3\,000\sim10\,000)\times10^{-6}$,高于原始地幔500～1 000倍,且轻、重稀土分异较大(Nelson et al.,1988)。就矿物种类而言,碳酸岩是一种含碳酸盐矿物(如方解石、白云石等)大于50%、SiO$_2$含量小于20%的火成岩(Stoppa et al.,2005)。空间上,碳酸岩往往与碱性岩(如正长岩、霞石岩)密切共生,共同构成碳酸岩-碱性岩杂岩体(宋文磊 等,2013)。这种杂岩体多呈环状展布,碳酸岩往往分布于杂岩体中心。全球发现超过500个碳酸岩杂岩体(Woolley et al.,2008),这些杂岩体及其所控制的稀土矿床往往位于全球重要克拉通边缘或裂谷带内,少数发育于大洋背景或造山带环境(范宏瑞 等,2020)。

# 1.2　碳酸岩型稀土矿床

大量研究表明,碳酸岩型稀土矿床的形成需要两个必备的过程:成矿碳酸岩的稀土源区富集和岩浆期后热液过程稀土矿物的沉淀(Hou et al.,2015;Liu et al.,2017;Zhang et al.,2019)。针对全球大部分碳酸岩型稀土矿床都分布于克拉通边缘(Eggert et al.,2016)这一地质现象,Hou 等(2015)对比了全球范围内成矿碳酸岩(如白云鄂博、Mountain Pass、牦牛坪、微山等)与无矿碳酸岩(如东非裂谷碳酸岩)的地球化学数据(包括主、微量成分和同位素特征),认为成矿碳酸岩与无矿碳酸岩在岩浆源区和地球动力学背景等方面存在差异,进而提出富含 CO$_2$ 和稀土元素的远洋沉积物对富集岩石圈地幔的交代作用是成矿碳酸岩稀土源区富集的关键(Hou et al.,2015),如图1-2所示。此后,Tian 等(2015)研究了成矿碳酸岩中的 Li 同位素,Liu 等(2017)则研究了碳酸岩型稀土矿床中脉石矿物(如萤石、方解石、重晶石、天青石)的 Sr-Nd-Pd 同位素特征,进一步深化了上述认识。对中亚国家(如吉尔吉斯斯坦)碳酸岩型稀土矿床的研究也表明,这些矿床的形成与特提斯洋的俯冲改造密切相关(Hong et al.,2019)。

软流圈上涌引发次大陆岩石圈地幔的部分熔融,后者在俯冲过程中经历了海洋沉积物中富稀土元素和 CO$_2$ 流体的交代作用,并形成富稀土地幔源区。大量的野外观察、理论分析和实验研究表明,热液过程可以富集稀土元素(Williams-Jones et al.,2000;Sheard et al.,2012;Pandur et al.,2014;Xie et al.,

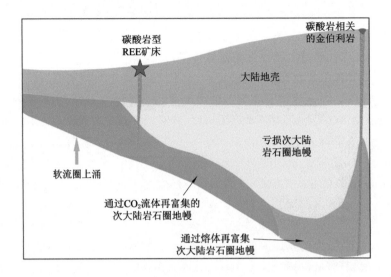

图 1-2  成矿碳酸岩稀土元素源区富集示意图

(据 Hou et al.，2015)

2009，2015)，稀土元素在热液体系中的富集过程也成了碳酸岩型稀土矿床研究的主要内容。稀土元素在热液流体中很难以单质的形式存在，其必须与其他离子(如 $SO_4^{2-}$、$CO_3^{2-}$、$F^-$、$Cl^-$ 等)形成络合配体(Wood，1990；Lehmann et al.，1994；Williams-Jones et al.，2000)。对稀土元素在热液流体中的地球化学行为(如活化、迁移、沉淀等)主要是通过实验地球化学和地球化学热力学模拟实现的，如 Williams-Jones 等(2012)通过将 1 kg 含磷 100 ppm($10^{-6}$)的霞石正长岩与 5 种 1 kg 溶液(各自含有 10%NaCl，500 ppm F 以及 50 ppm La、Ce、Nd、Sm和 Gd)分别相互作用的模拟实验，得出 La、Ce、Nd、Sm 和 Gd 等 5 种常见的稀土元素在不同温度的热液流体中的富集因子(图 1-3)，为后来者研究稀土矿物在热液体系中的沉淀提供了地球化学参考。近年来，一些学者着重强调流体中络合配体对稀土元素迁移和沉淀的重要性。例如，Cui 等(2020)研究了流体中的硫酸盐矿物，明确指出 $SO_4^{2-}$ 对于稀土在热液流体中迁移发挥着不可替代的作用。类似的，Li 等(2017，2018)在研究越南 Sin Quyen 矿床中的稀土矿化事件时也指出了络合配体的重要意义。成矿流体 P-T-X 演化过程主要是通过流体包裹体研究(包括岩相学观察、显微测温、气液相色谱分析、LA-ICP-MS 成分分析等)加以约束，因为流体包裹体常常被用于推断温度、压力和热液流体中主要离子的浓度，进而为破译矿石沉淀机制提供依据(Roedder，1980)。例如，Xie 等(2009)通过研究牦牛坪矿床的流体包裹体，明确指出碳酸岩流体出溶高温、高压、富 $CO_2$-$SO_4^{2-}$-K-Na-Ca-Sr-Ba-REE 的超临界流体,流体不混溶作用可能是稀土矿化的控制因素。Pandur 等(2014)对加拿大 Hoidas Lake 稀土矿床的熔-流体包裹体进行研究发现,稀土矿脉是由富含 Sr-Ba-F-$PO_4^{3-}$-$CO_2$ 的深部岩浆源沿着 Hoidas-Nisikkatch 断层上涌的熔-流体形成的,在富 $CO_2$ 的流体包裹体被捕获之后,含 Na-Ca-K-Ba-Mn-Fe-Mg-Sr 的富水流体被引入热液系统,这种不同性质流体的混合作用可能是稀土矿化的重要机制。

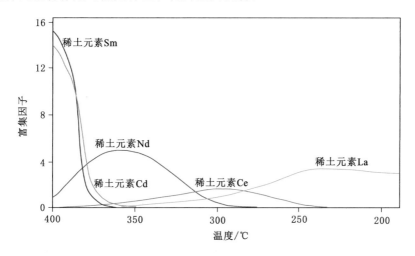

图 1-3　5 种稀土元素的富集因子实验岩石学模拟结果

(据 Williams-Jones et al.,2012)

模拟条件:将 1 kg 含磷 100 ppm 的霞石正长岩与 5 种 1 kg 溶液(各自含有 10%NaCl,500 ppm F 以及 50 ppm La、Ce、Nd、Sm 和 Gd)分别相互作用,设定初始 pH 值为 4.5,液体在 500 bar 的压力下从 400 ℃冷却到 200 ℃。富集因子定义为:

$$(REE/\sum REE)_{岩石} \Big/ (REE/\sum REE)_{初始溶液}$$

霓长岩化作用是碳酸岩型稀土矿床中最重要的热液蚀变类型,是指从碳酸岩岩浆出溶的流体对围岩的交代蚀变作用(Morogan,1989;Cooper et al.,2016),所形成的岩石产物称作霓长岩(Le Bas,2008;Elliott et al.,2018),如图 1-4 所示。在漫长的地质历史时期中,碳酸岩往往容易遭受各种地质事件的改造而失去原有的地球化学特征,在某些极端的情况下,甚至难以与沉积变质大理岩相区分,而霓长岩却可以相对稳定存在(杨学明 等,2000;王凯怡,2015)。因此,霓长岩化作用为研究碳酸岩型稀土成矿作用提供了窗口。鉴于此,不少学者对霓长岩化作用产生了关注。例如,王凯怡(2015)在研究白云鄂博霓长岩时,指出了霓长岩化作用与赋矿白云岩的紧密联系,进而试图从蚀变的角度解释白云鄂博的成因机制。Liu 等(2018)则进一步指出白云鄂博两期霓长岩化作用与不同品位矿石的对应关系。Weng 等(2021)在研究川西地区稀土矿床的霓长岩化作用时也提出了类似的观点。Elliott 等(2018)综述了全球范围内霓长岩的地球化学性质,指出霓长岩化作用(包括相关的角砾岩化事件)对碳酸岩型稀土矿化事件有着重要的促进作用。此外,Anenburg 等(2020)对霓长岩化作用的本质进行了实验岩石学模拟,认为碳酸岩内部或周围的稀土元素的大规模迁移需要与碱金属进行络合。近年来,一些学者的研究在涉及碳酸岩型稀土矿床的蚀变和矿化时,注重外部构造作用的影响。例如,Zhang 等(2019)对庙垭碳酸岩进行详细研究,指出区域构造作用在 REE 矿化过程中的重要性;Jia 等(2019)在研究碳酸岩型稀土矿床的成矿多样性时也提出了类似的观点。

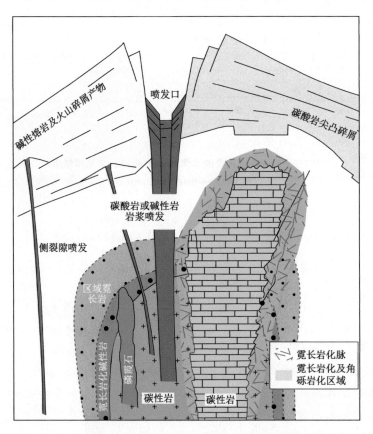

图 1-4 碳酸岩(及相关碱性岩)的霓长岩化作用模型

(据 Elliott et al.,2018,有修改)

# 1.3　里庄和大陆槽稀土矿床

位于青藏高原东缘的川西冕宁-德昌稀土矿带是中国最重要的轻稀土生产基地之一,从北向南分别包括牦牛坪超大型、木落寨和里庄中小型、大陆槽大型稀土矿床,以及一系列稀土矿点或矿化点(侯增谦 等,2008;Xie et al.,2009,2015)。从成岩成矿时代而言,该矿带明显发育两期碳酸岩型稀土成矿作用,一期以矿带北部的牦牛坪、木落寨和里庄矿床为代表(约 25～28 Ma)(田世洪 等,2008;Liu et al.,2015a;Ling et al.,2016),另一期以矿带南部的大陆槽矿床为代表(约为 12 Ma;Liu et al.,2015a)。该稀土矿带是研究碳酸岩型稀土成矿作用的理想对象,这是因为:① 与中国其他稀土矿床相比,该矿带成岩矿床时代年轻(图 1-2;范宏瑞 等,2020);② 岩浆-热液演化阶段完整(侯增谦 等,2008;Liu et al.,2017);③ 发育不同的矿化类型,如牦牛坪脉状矿化(Xie et al.,2009;Liu et al.,2019a)、大陆槽角砾状矿化(Liu et al.,2015b;Shu et al.,2019)和里庄浸染状矿化(李德良 等,2018;Shu et al.,2020a);④ 具有清晰完整、可追踪识别的矿物共生组合(Liu et al.,2019a,2019b);⑤ 成矿后受后期构造扰动相对较小(Shu et al.,2020a,2020b)。中国主要稀土矿床(或矿带)成矿时间对比如图 1-5所示。

自 20 世纪 90 年代被发现以来,川西冕宁-德昌稀土矿带一直受到国内各地学相关单位(如中国地质大学、中国地质科学院、中科院地球化学研究所、北京科技大学等)研究人员的关注。但已有研究往往针对矿带北部的牦牛坪超大型稀土矿床,因为该矿床规模大、品位高、矿脉发育清晰、矿物演化完整。例如,Liu等(2019a)报道了牦牛坪矿床的从下至上规模逐渐变大的三个矿化单元(称之为"三层楼"式),Liu 等(2019b)则通过研究该矿床的三类锆石以约束成矿体系的物理化学特征。Xie 等(2009,2015)和 Zheng 等(2019)系统研究了牦牛坪矿床的流体包裹体特征,重建了成矿流体演化过程。Guo 等(2019)详细总结了该矿床氟碳铈矿的野外产状、矿物学特征和地球化学(尤其是微量元素)性质,明确了氟碳铈矿中可能存在的类质同象替代关系。然而,相比牦牛坪矿床,前人对里庄和大陆槽矿床的研究相对薄弱,一方面由于这两个矿床稀土资源储量明显更低,另一方面由于它们偏远闭塞的地理环境。

里庄(矿带北部)和大陆槽(矿带南部)矿床是研究碳酸岩型稀土矿床的成因机制及进一步找矿暗示的理想对象,这是由于这两个矿床具有不同的成岩成矿时代,分别代表了青藏高原东缘新生代时期两期不同的碳酸岩岩浆-热液活动及相关的稀土成矿事件,且在空间上分别处于矿带"一北一南",可以很好地约束整

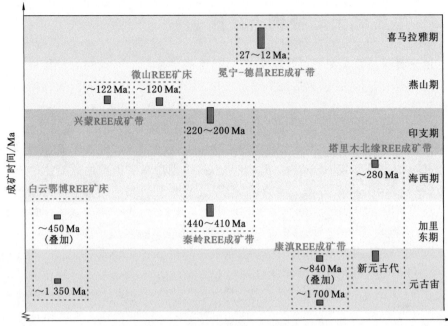

图 1-5　中国主要稀土矿床(或矿带)成矿时间对比

(据范宏瑞等,2020)

个矿带的成矿特征。更为重要的是,与牦牛坪稀土矿床相比,里庄和大陆槽矿床的矿物共生组合更为简单,构造活动也相对较弱;与木落寨稀土矿床相比,里庄和大陆槽矿床的野外地质情况更为清晰明了、易于识别(木落寨主要为坑道洞采,其余皆为露天开采)。

针对里庄矿床,Hou 等(2006)在研究整个川西冕宁-德昌稀土矿带碳酸岩的地球化学特征时给出了里庄矿床碳酸岩-正长岩杂岩体的全岩主、微量元素数据,侯增谦等(2008)和 Liu 等(2017)在对矿带进行综述时报道了里庄的矿床地质特征,Hou 等(2015)和 Tian 等(2015)则在报道整个矿带的同位素(C-O、Nd-Pb 和 Li)特征时也涉及了里庄矿床。对里庄矿床的典型案例研究来自李德良等(2018)和 Zhou 等(2018),前者描述了里庄矿床两类稀土矿石的地质特征及金云母 Ar-Ar 年龄,后者报道了里庄矿床英碱正长岩中锆石的 LA-ICP-MS U-Pb 年龄和 Hf 同位素以约束岩浆活动时限及岩浆源区特征。流体包裹体作为成矿流体物理化学特征的可靠记录者而成为研究金属矿床成因机制的重要手段,前人对里庄矿床的流体包裹体研究来自侯增谦等(2008)和 Xie 等(2015),前者首次给出了里庄矿床流体包裹体的详细描述,包括流体包裹体类型及其显微测温特征,后者则仔细厘定了里庄矿床成矿流体的物理化学特征。

就大陆槽矿床而言,杨光明等(1998)和李小渝(2005)描述了大陆槽矿床的矿床地质特征,为后续研究打下了基础。Liu 等(2015a)和 Ling 等(2016)分别给出了大陆槽矿床正长岩的锆石 SHRIMP U-Pb 年龄和稀土矿物氟碳铈矿的SIMS Th-Pb 年龄,Xu 等(2012)讨论了该矿床萤石的微量元素地球化学特征,Liu 等(2015b,2015c)则分别探讨了该矿床角砾型和风化型稀土矿石的地球化学特征并分析了矿石成因,Hou 等(2015)和 Liu 等(2017)报道了该矿床 C-O 和Sr-Nd-Pb 同位素特征,Liu 等(2019b)通过研究锆石的地球化学特征约束了碳酸岩-正长岩杂岩体及相关蚀变流体的性质。此外,一些研究注意到了大陆槽矿床热液体系的复杂性,这已被氟碳铈矿和脉石矿物(如萤石和石英)中捕获的不同类型的流体包裹体所证明(侯增谦 等,2008;刘琰 等,2017)。

总体来说,前人对里庄和大陆槽矿床的已有研究(Hou et al.,2006,2009,2015;侯增谦 等,2008;Liu et al.,2015a,2015b,2015c,2019a,2019b,2019c;Ling et al.,2016;Liu et al.,2017;李德良 等,2018)得出的信息有:① 里庄和大陆槽矿床的稀土矿化均与碳酸岩-正长岩杂岩体有关,氟碳铈矿是最重要的稀土矿物;② 里庄和大陆槽矿床的成矿时代明显不同,前者可能超过 25 Ma,后者低于 15 Ma,分别代表了青藏高原东缘新生代时期两期碳酸岩型稀土成矿事件;③ 两个矿床均有相似的围岩蚀变和矿物组合,但里庄矿的矿物组合相比大陆槽矿床更为简单;④ 全岩主、微量地球化学和同位素研究显示里庄和大陆槽碳酸岩具有典型的幔源特征;⑤ 两个矿床的流体包裹体种类繁多,流体体系较为复杂。

但上述研究存在不足或缺失之处,具体包括:① 上述研究大都缺乏矿床地质特征(尤其是矿物共生组合)的详细描述;② 霓长岩化作用是里庄和大陆槽矿床典型的围岩蚀变作用,对此都缺乏足够的重视;③ 流体包裹体研究大都基于单个包裹体而非包裹体组合,且报道的数据量较少;④ 稀土矿物在热液体系中大规模沉淀的主导因素尚不十分清楚;⑤ 缺乏两个矿床之间,尤其是与全球范围内其他碳酸岩型稀土矿床的综合对比;⑥ 未建立可靠的指标以指导碳酸岩相关地质背景下稀土资源的勘探工作。

# 1.4　主要研究内容及其科学意义

笔者先后十几次前往里庄和大陆槽矿床进行野外踏勘、地质填图、样品采集等工作,积累了丰富的野外素材和大量的第一手研究资料。本书在总结整理前人研究工作的基础之上,结合野外观察和室内实验测试分析的资料,并与全球范围内其他碳酸岩型稀土矿床进行对比,力求查明里庄和大陆槽矿床的成矿机制,借以约束青藏高原东缘新生代时期两期碳酸岩型稀土成矿作用,为在碳酸岩相关地质背景下找寻潜在稀土矿化系统提供依据。

迄今为止,里庄和大陆槽稀土矿床存在以下三个亟待解决的科学问题:① 里庄和大陆槽矿床的碳酸岩杂岩体与全球范围内其他成矿碳酸岩杂岩体(如白云鄂博碳酸岩、微山碳酸岩)和无矿碳酸岩杂岩体(如东非裂谷碳酸岩)有何差异? ② 鉴于里庄和大陆槽矿床所能观察到的稀土矿化均为热液成因,与世界上绝大多数碳酸岩型稀土矿床类似(Williams-Jones et al.,2000;Trofanenko et al.,2016)。在流体演化过程中,哪些因素控制着稀土元素的大规模矿化,矿化发生时的物理化学条件如何,能否建立涵盖所有流体演化过程的成矿模式? ③ 鉴于稀土资源是重要的战略性关键金属,在国防科工和高新技术等领域起着不可替代的作用,能否通过对里庄和大陆槽矿床的案例研究归纳出详细且具体的指标,以指导碳酸岩相关地质背景下稀土资源的勘探工作?

针对上述科学问题,具体研究内容可归纳为:① 开展里庄和大陆槽矿床的构造-岩性-蚀变-矿化的野外填图工作,采集碳酸岩、正长岩、霓长岩、稀土矿石等样品并进行岩相学观察,为室内测试分析打下基础。② 对里庄矿床内大量出现的黑云母进行成分分析,并与全球范围内成矿或无矿碳酸岩杂岩体中的黑云母进行大数据对比,查明黑云母的某些参数对勘探工作的指导意义。③ 对里庄和大陆槽矿床进行系统的流体包裹体研究,包括岩相学观察、显微测温、拉曼光谱和离子色谱分析等,计算流体包裹体相关参数,建立流体的 P-T-X 演化过程,约束稀土矿化时的物理化学条件。④ 分析里庄和大陆槽矿床碳酸岩和氟碳铈矿同位素特征(或援引相关数据),并与全球范围内成矿或无矿碳酸岩进行对比,查明稀土成矿物质来源。⑤ 对里庄和大陆槽矿床的研究数据进行总结对比,厘清控制稀土矿化的主导因素,并建立涉及构造、蚀变、矿物共生组合、成矿流体等的成矿模式。⑥ 在上述研究的基础上,归纳出可靠的指标以指导碳酸岩相关地质背景下稀土资源的勘探工作。

基于上述研究内容,技术路线可归纳为以下几步:① 资料收集。广泛收集里庄和大陆槽矿床的已有资料以及全球范围内碳酸岩型稀土矿床的研究成果,了解碳酸岩型稀土矿床的研究方法及研究薄弱之处。② 野外踏勘。通过野外踏勘及地质填图工作,查明里庄和大陆槽的矿床地质特征,并采集相关样品以备测试分析。③ 手标本及镜下观察。确定矿物共生组合、矿石结构构造、蚀变特征等,厘清矿物生成顺序并划分成矿期次。④ 室内实验测试分析。对样品进行必要的实验测试,如主、微量地球化学成分测试及电子探针、流体包裹体和同位素测试等,分析所获得的测试结果并做出合理解释,绘制相关图件。⑤ 总结归纳。根据已有数据厘清稀土元素在热液体系中大规模矿化的主导因素,建立碳酸岩型稀土矿床的成矿模式,并提炼出具体指标以指导碳酸岩相关地质背景下稀土资源的勘探工作。

现将实验分析测试的具体方法或流程总结如下:

(1) 样品采集与前期处理

野外踏勘活动中有计划地采集了实验样品,样品主要包括里庄和大陆槽矿床的碳酸岩、正长岩、霓长岩、稀土矿石,以及从稀土矿石中分离的黑云母、萤石、石英、方解石、氟碳铈矿等单矿物。样品采集自不同层位、不同岩体或不同矿脉,所采样品均进行了精心拍照和记录。样品前期处理,如挑选单矿物、粉碎样品以及磨制薄片等,在河北省区域地质矿产调查研究所(极少数在首钢地质勘察院)完成。

(2) 电子探针

电子探针分析(及相关的背散射图像拍摄)是在中国地质科学院矿产资源研究所电子探针实验室完成的,仪器为 JXA-8230 电子探针仪,测试参数:硫化物采用 20 kV 的加速电压,氧化物和硅酸盐采用 15 kV 的加速电压、20 mA 电流,束斑直径视矿物颗粒大小而选择 5 $\mu$m 或 1 $\mu$m,分析测试精度约为 0.01%。以自然矿物或人工合成矿物为标样,采用厂商提供的 ZAF 程序对矿物进行修正。实验测试过程中,详细的标准矿物或晶体见 Liu 等(2015a)的研究。

(3) 全岩主、微量元素

样品的全岩主、微量元素分析在中国地质科学院国家地质测试中心完成。主量和微量元素详细分析测试方法见舒小超等(2019)的研究并详述如下。

① 主量元素:仪器为 Axios 波长色散 X 射线荧光光谱仪(XRF),样品烧失量(LOI)用重量法(GB/T 14506.2—2010 和 LY/T 1253—1999)监控、FeO 采用容量滴定法(GB/T 14506.14—2010)完成。粉末样品与 0.3 g $NH_4NO_3$、0.4 g LiF 和 5.3 g $Li_2B_4O_7$ 在 25 mL 瓷坩埚中混合,然后转移至铂合金坩埚,1 mL LiBr 溶液样品在干燥之前加入。所得样品在自动火焰熔融机中熔化,然后冷却的玻璃进行主量元素分析(误差<2%)。

② 微量(包括稀土)元素:仪器为高分辨率等离子质谱仪(ICP-MS),标准样品为 GBW07120、GBW07103、GBW07105、GBW07187,分析测试精度优于 10%。将样品粉末与 1 mL 纯净 HF 和 0.5 mL $HNO_3$ 混合,然后转移至 Savillex Teflon 螺旋容器。在 190 ℃的温度条件下静置 24 h,样品干燥后再用 0.5 mL $HNO_3$ 溶解,再干燥。随后,样品与 5 mL $HNO_3$ 均匀混合,并在 130 ℃烤炉中密封 3 h。待冷却,将溶液转移至塑料瓶并稀释为 50 mL,以供电感耦合等离子体的放射性

光谱对其进行微量元素分析。

（4）锆石 LA-ICP-MS U-Pb 年代学

在河北区域地质矿产调查研究所对岩石样品进行切割粉碎，并在双目显微镜下手工挑选锆石颗粒。所得到的锆石颗粒安装在环氧树脂中，抛光，然后进行阴极发光图像拍摄。锆石的 U-Pb 定年是在南京聚谱检测科技有限公司采用激光剥蚀电感耦合等离子质谱法（LA-ICP-MS）完成的，激光剥蚀系统为 GeoLas 2005，等离子体质谱仪为 Agilent7500a，激光能量为 70 mJ，频率为 8 Hz，激光束斑直径为 32 $\mu$m，详细的分析测试方法见 Zhou 等（2018）的研究。锆石的 Pb 丰度根据 NIST SRM 610 进行外部校准，Si 作为内标，Zr 作为其他微量元素的内标（Liu et al.，2010；Hu et al.，2011）。通过 ICPMS-DataCal 软件对数据进行处理（Liu et al.，2010）。

（5）流体包裹体显微测温

流体包裹体的显微测温是在中国地质大学（北京）（少量在南京大学地球科学与工程学院）的流体包裹体实验室完成的，仪器为 Linkam THMSG 600 冷热台。测试的参数包括冰点温度（$T_{m,ice}$）、固态 $CO_2$ 熔化温度（$T_{m,CO_2}$）、$CO_2$ 笼合物消失温度（$T_{m,cla}$）、$CO_2$ 相部分均一温度（$T_{h,CO_2}$）、子晶消失温度（$T_{m,s}$）和气-液相完全均一温度（$T_{h,tot}$）。$-120\sim-70$ ℃的温度变化精度为 $\pm0.5$ ℃，$-70\sim500$ ℃的温度变化精度为 $\pm0.2$ ℃。温度变化速率通常为 $0.2\sim5.0$ ℃/min，但在接近含 $CO_2$ 包裹体的相变温度时降低为 0.2 ℃/min，接近气-液两相包裹体的相变温度时转变为 $0.2\sim0.5$ ℃/min。采用 $\pm5$ ℃的加热-冷却循环温度以确定含子晶包裹体中气泡和子晶消失温度，但在绝大多数含 $CO_2$ 包裹体中，确定 $CO_2$ 笼合物的熔化温度时将加热-冷却循环限制在 $\pm0.2$ ℃以内。气-液两相包裹体和含子晶包裹体盐度计算采用 Bodnar（博德纳尔）于 1994 年提出的方法，利用 $CO_2$ 笼合物的熔化温度计算含 $CO_2$ 包裹体的盐度（Collins，1979），流体包裹体的密度采用 Flincor 程序计算（Brown，1989）。

（6）拉曼光谱

在中国地质科学院矿产资源研究所（极少数在南京大学地球科学与工程学院）采用拉曼光谱仪（RM2000，Renishaw）识别单个流体包裹体的成分。在 20 mW 氩离子激光器上激发光源，波长为 514.53 nm，计数时间为 30 s，激光束斑直径为 1 $\mu$m，范围为 $10\sim4\ 000$ cm$^{-1}$，光谱分辨率为 $1\sim2$ cm$^{-1}$。

（7）离子色谱

在中国科学院地质与地球物理研究所采用离子色谱法分析了流体中离子浓度，详细分析测试方法见 Xu 等（2009）的研究并大致描述如下：在清洗并干燥后，粉碎的样品置于真空中在 500 ℃的温度条件下碎裂，然后在室温环境中置于超声波清洗槽中使用微纯水反复浸出,直到渗滤液的电导率与微纯水相同。将所有收集的渗滤液体积固定到 30 mL,然后进行分析。

(8) 稳定同位素

石英 H-O 稳定同位素分析在北京科荟测试有限公司完成,详细的分析测试方法见郑旭等(2019)的研究并总结如下:H 同位素采用爆裂法测定,国际标准物质为聚乙烯(IAEA-CH-7,$\delta D_{\text{V-SMOW}} = -100.3‰$),仪器为质谱仪(253 plus,Thermo),测试精度优于 1‰。称取粉碎至 40～60 目的石英单矿物,和锡杯一同放置在 90 ℃的烘箱中干燥 12 h。烘烤后置于填装了玻璃碳粒的高温(1 420 ℃)裂解炉(Flash EA,Thermo)中以测定 $H_2$ 的同位素比值 $\delta D$。O 同位素测试仪器为 253 plus 气体同位素比质谱仪,标准样品的分析精度优于 $\pm 0.2‰$,相对标准为 V-SMOW。将样品研磨至 200 目并置于 105 ℃的烘箱中烘烤 12 h,采用传统的 $BrF_5$ 方法(Clayton et al.,1963)进行分析。

本次研究在碳酸岩型稀土矿床成矿学及找矿勘探领域具有一定的科学意义,具体归纳如下:① 厘清了碳酸岩型稀土矿床热液体系中控制稀土矿物大规模沉淀的重要因素——降温、流体混合及脉石矿物沉淀所导致的稀土络合物失稳。② 建立了里庄和大陆槽矿床的成矿模式,该模式涉及俯冲海洋沉积物导致碳酸岩源区富集、熔-流体的分离、霓长岩化作用、流体不混溶过程及脉石矿物的沉淀、流体混合及大规模稀土矿化的发生等具体环节。③ 归纳出了若干条明确的指标以指导碳酸岩相关地质背景下稀土资源的勘探工作,它们涉及构造背景、热液蚀变、特征矿物、成矿流体等方面,这些指标较为直观明了,具有一定的经济效益。

# 第2章 区域地质

## 2.1 概况

研究区位于中国川西冕宁-德昌稀土矿带,该矿带是我国著名的三大轻稀土生产基地之一(范宏瑞 等,2020)。目前,江西铜业集团有限公司、西昌志能实业有限责任公司等矿业公司正在该矿带进行稀土开采作业。就空间位置而言,冕宁-德昌稀土矿带位于青藏高原东部,在构造上位于扬子克拉通西缘,北起凉山州冕宁县西南平距约 22 km 处的牦牛坪矿床(袁忠信,1995),南至凉山州德昌县县城西南 225°平距约 32 km 的大陆乡地区的大陆槽矿床(杨光明 等,1998)。该矿带全长约 270 km,宽约 15 km,从北向南分别包括牦牛坪超大型、木落寨和里庄中小型、大陆槽大型稀土矿床,以及一系列稀土矿(化)点(图 2-1;侯增谦等,2008),稀土氧化物总量(Rare Earth Oxide,简称 REO)达 3.0 Mt 以上(Liu et al.,2019a)。扬子克拉通西缘的攀西裂谷紧邻矿带,该裂谷是在早古生代盖层及其基底的基础之上发展起来的陆内裂谷(袁忠信,1995),到矿带形成的新生代时期(约 12~28 Ma;Liu et al.,2015a)攀西裂谷已经趋于关闭。矿带内所有稀土矿床均产于新生代碳酸岩-碱性岩杂岩体中,并且受控于印度-亚洲大陆碰撞期间产生于青藏高原东部的一系列走滑断裂(Xu et al.,2008,2012;Xie et al.,2009,2015;Tian et al.,2015;Liu et al.,2017)。

喜马拉雅运动以来印度-亚洲大陆的大规模碰撞过程(Yin et al.,2000;莫宣学 等,2003)深刻影响了攀(枝花)西(昌)地区的地质背景及构造格架,导致了攀西地区强烈的东西向挤压,并形成了一条碰撞造山带(Hou et al.,2009)。邻近的三江特提斯构造带则经历了原-古-中-新特提斯洋闭合所引发的增生造山过程(杨立强 等,2011;Deng et al.,2014a,2014b,2017a,2017b;邓军 等,2016),产于青藏高原东部印度-亚洲大陆晚碰撞阶段的成矿作用在一系列走滑断裂活动主导的转换构造中发育,从而形成了中国最具经济意义的金属成矿区之一(Hou et al.,2009)。该区域发育由新生代逆冲断层和后续走滑断裂控制的 Pb-Zn-Ag-Cu 成矿作用,与左旋剪切相关的造山型 Au 成矿作用,受走滑断裂控制的斑岩

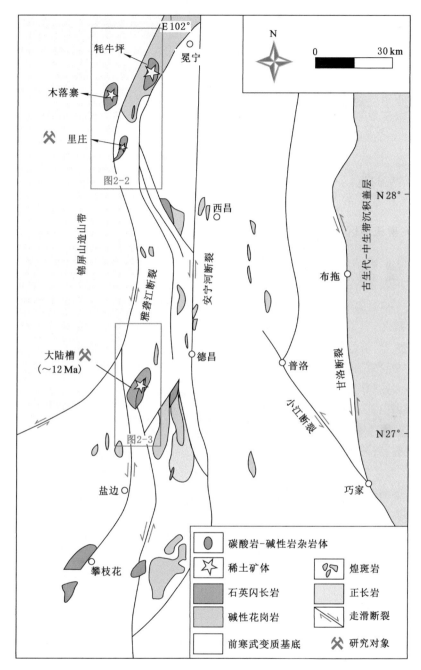

图 2-1 研究区空间位置及区域地质图

(据袁忠信等,1995,有修改)

型 Cu-Mo-Au 成矿作用(Deng et al. ,2016;Wang et al. ,2016,2018),以及与新生代碳酸岩-碱性岩杂岩体相关的稀土成矿作用(牛贺才 等,1994,1996;王登红等,2002;许成 等,2002,2004;侯增谦 等,2008)。这些碳酸岩-碱性岩杂岩体受走滑断裂或张扭性断层控制(Hou et al. ,2009),由正长岩(主要为英碱正长岩和霓辉正长岩)和少量碳酸岩岩株、岩脉、岩墙组成(Hou et al. ,2006),侵入太古代高级变质岩、元古代变质沉积岩和古生代-中生代碎屑岩及沉积序列之中(Xu et al. ,2008,2012)。

## 2.2 构造

### 2.2.1 里庄地区

里庄矿床位于川西冕宁-德昌稀土矿带北部,与牦牛坪和木落寨矿床地理位置较为接近,均位于锦屏山断裂带的东侧(图 2-2;袁忠信,1995)。区域内可划分为三个独具特色的构造单元,自东向西分别为东部台隆区、中部台缘坳陷区、西部褶皱区,以锦屏山断裂带和南河断裂带为界。深部位于锦屏山-龙门山陡倾带的转换处,坡度较大,岩浆活动频繁,发育了较多大型断裂和少量背斜,是显著的构造变异带,这些构造活动促进了区域内岩体的多次侵位。值得注意的是,中部坳陷区做顺时针方向扭动,控制着牦牛坪、木落寨和里庄等稀土矿床的分布(姜恒,2018)。

区域内主要为北北东向构造,主要的断裂分别为锦屏山断裂、马头山断裂、哈哈断裂、南河断裂和安宁河断裂(袁忠信,1995),此外还有一些近南北向的次级断裂(图 2-2)。这些断裂展现出自北北东向散开,并在木落寨矿床以南往南南西向逐渐收敛的特征(李自静,2018)。距离里庄稀土矿床最近的断裂是哈哈断裂与南河断裂(图 2-2),二者在里庄西北地区与矿床相邻,控制着矿区内岩浆作用的侵位。然而,与大陆槽和牦牛坪矿床相比,里庄矿区内断层较为少见,且断层规模及其构造作用较小,对岩体和矿体的破坏程度都较为有限,岩体内偶见片理化现象或较轻微的破碎带。

### 2.2.2 大陆槽地区

大陆槽稀土矿床在地理上位于冕宁-德昌稀土矿带南部,构造上处于雅砻江南北断裂带的中段、南北向和东西向构造带的复合部位(图 2-3;杨光明 等,1998;李小渝,2005)。区域内的构造主要以南北向为主,偶见东西向次级断裂或小褶皱,发育的深大断裂自西向东分别为:雅砻江断裂、普威断裂和磨盘山断裂,

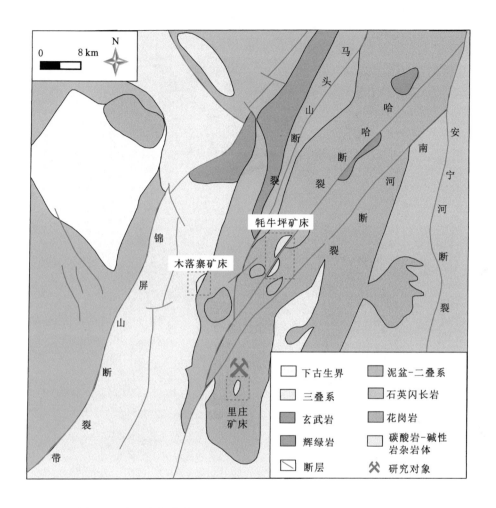

图 2-2  川西冕宁-德昌稀土矿带北部(里庄地区)主要断裂构造简图

(据袁忠信等,1995,有修改)

以及张门闸断裂、南木河断裂和大陆乡断裂等次级断裂,这些断裂构成了区域内主要的构造格架(图 2-3)。

　　大陆槽矿区处于普威断裂北端与大陆乡断裂南部之间(图 2-3),前者从矿区以南经过,后者从大陆槽一号矿体和三号矿体之间穿过。因此,矿区内构造活动显著,构造裂隙显著,岩体曾遭受多次改造。大陆乡断裂是与大陆槽稀土矿床最密切相关的构造,控制着整个矿床的构造裂隙发育和岩浆侵位,属于压扭性逆断层,从矿区内磨房沟延至大陆槽沟,长约 16 km,呈北北东走向、北西倾向,发

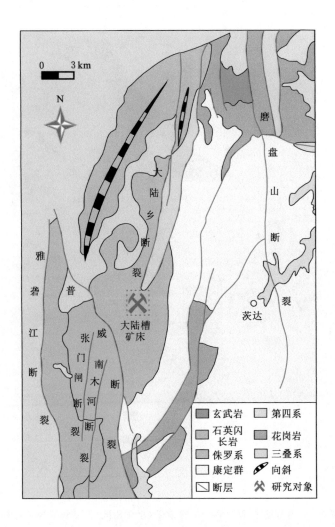

图 2-3  川西冕宁-德昌稀土矿带南部(大陆槽地区)主要断裂构造简图

(据杨光明等,1998,有修改)

育于三叠侏罗地层和石英闪长岩之中(陈超,2018)。在区域构造应力的影响之下,大陆乡断裂持续的构造活动使矿区内石英闪长岩体发生破碎并产生破碎带,后期英碱正长岩和霓辉正长岩侵位于破碎带之上。

# 2.3 地层

## 2.3.1 里庄地区

与大陆槽地区相比,里庄地区出露的地层较为简单,从老到新分别为泥盆纪的硅质和碳酸盐沉积、志留系-三叠系碎屑岩(砂岩、粉砂岩及泥岩等)和碳酸盐岩,以及一些沿水系、沟谷或山麓分布的第四系冲积物、洪积物、坡积物等松散堆积体(李德良,2019)。此外,该区部分地层发生了中-低的区域变质作用,形成板岩、千枚岩或片岩。

## 2.3.2 大陆槽地区

由于区域构造作用较为发育,大陆槽地区出露的地层大多数被岩浆岩所侵蚀,或被断裂或褶皱所改造,仅在矿区东侧保留有少量侏罗纪砂岩堆积物(杨光明 等,1998)。这些地层从老到新分别为:前震旦系会理群的盐边组(浅变质板岩、千枚岩,上部为碳酸盐和变质砂岩,下部为枕状玄武岩)、震旦系上统观音崖组(浅海相-海相沉积物,主要为砂岩、粉砂岩、白云质灰岩和白云岩等)和灯影组(白云岩,夹有少量白云质灰岩或灰岩)、三叠-下侏罗统白果湾群(长石石英砂岩)、侏罗统益门组(砂岩、泥岩和砂质页岩,偶见泥灰岩)、新近纪上新统昔格达组(砂岩、砂质页岩及粉砂岩),以及沿着河流冲沟及区域内缓坡地带分布的第四系冲积物、洪积物及残坡积物(李小渝,2005;陈超,2018)。

# 2.4 岩浆岩

## 2.4.1 里庄地区

里庄地区岩浆活动强烈,岩石类型较为复杂,区域内出露的岩浆岩主要有碱性花岗岩、正长岩、黑云母二长岩、碳酸岩和少量石英闪长岩岩脉。

碱性花岗岩大多分布于矿区西北侧或东南侧,具有花岗结构、块状构造,主要组成矿物为碱性长石、石英、斜长石和黑云母,含有榍石、锆石、黄铁矿等副矿物。区域内正长岩多为霓辉正长岩或英碱正长岩,浅褐灰色,中细粒结构、块状构造,主要组成矿物为长石、霓辉石等,含有少量石英及铁质金属矿物等,部分正长岩岩体与碳酸岩岩脉密切共生。黑云母二长岩大多分布于矿区东侧,具有典型的中细粒结构、块状构造,主要组成矿物为长石、黑云母及少量石英,含有黄铁矿、磁铁矿等副矿物。区域内分布的碳酸岩岩脉呈灰白色,块状构造,主要组成矿物为方解石,含有少量黑云母、长石或副矿物等。除上述岩浆岩之外,区域内偶见石英闪长岩岩脉产出。

### 2.4.2 大陆槽地区

大陆槽地区岩浆作用频繁,野外地质填图发现,区域内分布石英闪长岩、正长岩、花岗岩以及少量辉绿岩、碳酸岩等岩浆岩。

石英闪长岩是区域内主要的岩体,多呈岩基展出,局部可见分支现象,因其主要分布于大陆乡地区,又被称作大陆乡岩体(陈超,2018)。石英闪长岩多呈灰白色,细粒-中粒半自形结构,似片麻状或块状构造,主要矿物为长石、角闪石、石英和少量黑云母,夹有磷灰石、磁铁矿、锆石等副矿物。区内正长岩大都充填于石英闪长岩的构造裂隙之中,主要为霓辉正长(斑)岩,多呈岩株、岩脉或小侵入体产出,半自形板、柱状或斑状、似斑状结构,块状构造,主要矿物为正长石、条纹长石、斜长石、霓辉石、黑云母等,偶见少量方解石、黄铁矿、锆石、褐帘石等。除石英闪长岩和正长岩之外,区域内还零星分布有辉绿岩和碳酸岩。辉绿岩多为辉绿结构,块状构造,主要组成矿物为斜长石、辉石和角闪石,以及少量石英、黑云母、黄铁矿、榍石等。碳酸岩多为粒状镶嵌结构或碎裂结构,块状构造或稀疏浸染状构造,主要组成矿物为方解石,含少量重晶石和其他副矿物。

## 2.5 矿产资源

冕宁-德昌地区是我国西南乃至全国重要的轻稀土生产基地之一,区域内拥有的碳酸岩型稀土矿床储量大、品位较高。工业矿物主要为氟碳铈矿,粒度较大,有害杂质量较低,易于分选利用,还可提供萤石、重晶石、天青石等非金属矿产资源。区域矿产较为丰富,除上述稀土资源外,还拥有可供开发利用的铁、铜、铅锌、金等金属矿产资源,比较著名的有茶铺子金矿、李伍铜矿等,均具有较大的工业意义(胡泽松 等,2008;姜恒,2018;欧阳怀,2018)。

# 第3章 里庄典型矿床研究

里庄矿床是川西冕宁-德昌稀土矿带北部的中小型稀土矿床,成岩成矿时代约为 28 Ma,可作为研究青藏高原东缘新生代时期第一期碳酸岩型稀土成矿作用的典型对象。

## 3.1 矿床地质

### 3.1.1 概况

里庄矿床(东经 101°52′17″、北纬 28°13′21″)位于青藏高原东侧、扬子克拉通西缘,地理上处于四川省凉山州冕宁县城 222°方向,距冕宁县直线距离约 47 km,行政上隶属于冕宁县里庄乡,如图 3-1 所示。矿山始建于 2006 年年底,采用斜坡公路开拓、倒台阶式作业的露天开采方式进行稀土原矿开采,并在矿山附近建有选矿厂。矿区附近有里庄乡至冕宁县城的公路,交通较为便捷。

### 3.1.2 碳酸岩-正长岩杂岩体

里庄矿床碳酸岩在空间上与正长岩侵入体密切相关,二者共同构成了一个岩石杂岩体,称之为碳酸岩-正长岩杂岩体(图 3-2),该综合体承载了几乎所有可见的稀土矿化(图 3-2)。里庄碳酸岩-正长岩杂岩宽一般为 100~150 m、长约 400 m,侵入厚度超过 1 000 m,主要存在于碎屑岩和碳酸盐岩组成的志留纪-三叠纪沉积岩序列之中(侯增谦 等,2008;Zhou et al.,2018),并在矿区西北部局部切割碱性花岗岩体(图 3-1)。里庄矿床是冕宁-德昌稀土矿带碳酸岩和正长岩体积近似相等的唯一矿床(李德良 等,2018),碳酸岩和正长岩主要呈 NNW-SSE 向展布(图 3-1)。新鲜碳酸岩多呈灰白色、块状构造,主要由大量方解石组成,含少量霓辉石和云母等,偶见稀土矿物氟碳铈矿。新鲜正长岩具有细粒结构、块状构造[图 3-3(a)],镜下观察显示正长岩主要由钠长石、霓辉石、石英和少量副矿物组成[图 3-3(c)~(d)]。与牦牛坪和木落寨矿床不同,里庄矿床部分正长岩略带红色[图 3-3(b)],"红化"可能是正长岩中含有少量氟碳铈矿细颗粒导致的,一些"红化"正长岩还含有大小不一、呈不规则状的岩石角砾[图 3-3(b)]。

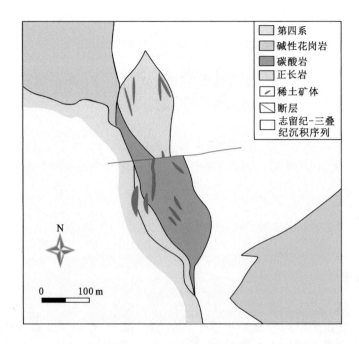

图 3-1　里庄矿床地质简图

（据侯增谦等，2008）

图 3-2　里庄矿床碳酸岩-正长岩杂岩体及相关稀土矿脉野外照片

（a）新鲜正长岩野外照片　　　　　　　（b）含角砾的"红化"正长岩野外照片

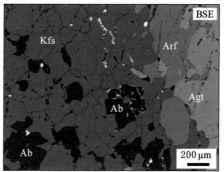

（c）正长岩镜下照片显示其矿物组成（一）　　（d）正长岩镜下照片显示其矿物组成（二）

（＋）—正交偏光；BSE—背散射图像；Kfs—钾长石；Ab—钠长石；Agt—霓辉石；Bt—黑云母；Arf—钠铁闪石。

图 3-3　里庄矿床正长岩地质特征

附表 1 总结了报道的里庄矿床新鲜碳酸岩和正长岩的全岩地球化学数据（Hou et al.，2006；李德良 等，2018）。图 3-4 进一步绘制了球粒陨石标准化稀土配分曲线［图 3-4（a）］和原始地幔标准化微量元素蛛网图［图 3-4（b）］。数据显示，碳酸岩具有较低的 $SiO_2$ 含量（≤2.61%），极低的 $Fe_2O_3^T$（≤2.01%）和 $MgO$（≤0.73%）含量，由于碳酸岩含有大量方解石，因而具有较高的 $CaO$ 含量（可达 52.6%）。正长岩具有较高的 $SiO_2$ 含量（≥64.7%），且以高铝（$Al_2O_3$ 介于 13.3%～14.9% 之间）、高碱（$Na_2O+K_2O≥9.09%$）为特征。在微量元素中，碳酸岩（$\sum REE≥9\,236$ ppm）的稀土含量远高于正长岩（$\sum REE≤400$ ppm），这也在图 3-4（a）中的稀土配分曲线中显示出来，该图中碳酸岩的稀土配分形式与正长岩类似（均为"右倾"式）但均分布于正长岩之上［图 3-4（a）］。此外，碳酸岩（Sr≥4\,000 ppm，Ba≥35\,400 ppm）相比于正长岩（Sr≤634 ppm，Ba≤2\,363 ppm）极度富集大离子不相容元素，且相对亏损高场强元素［图 3-4（b）］。

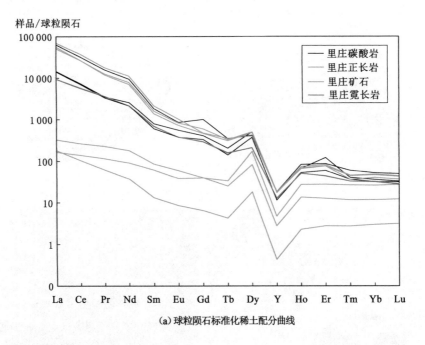

（a）球粒陨石标准化稀土配分曲线

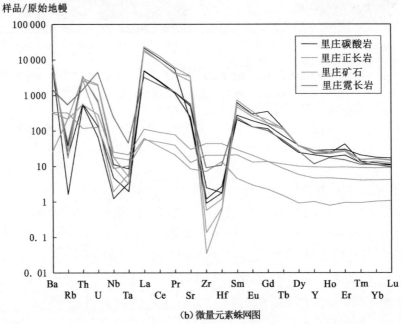

（b）微量元素蛛网图

图3-4  里庄矿床碳酸岩、正长岩、霓长岩和稀土矿石的稀土及微量元素标准化曲线

（据 Hou et al. ,2006；李德良等,2018；舒小超等,2019。原始数据值见附表1）

### 3.1.3　霓长岩化作用

里庄矿床发育一种称之为"霓长岩化作用"的围岩蚀变,这也是川西冕宁-德昌稀土矿带广泛存在的蚀变作用。霓长岩化作用是指从碳酸岩岩浆出溶的流体对围岩的交代蚀变作用(Morogan,1989;Cooper et al.,2016),它是碳酸岩相关矿床(如 REE、Nb、Ta 矿床)中广泛发育的热液蚀变类型(Le Bas,2008;Elliott et al.,2018),所形成的岩石产物称为霓长岩(杨学明 等,2000;王凯怡,2015)。在里庄矿床,碳酸岩流体沿构造裂隙移运并交代裂隙两侧围岩,形成了一系列长宽不等的霓长岩化蚀变带(图 3-2)。碳酸岩中常见包裹一些岩石角砾,这些角砾也遭受强烈的霓长岩化蚀变。发生霓长岩化作用的原岩主要是正长岩,矿区常见霓长岩脉切割正长岩岩体[图 3-5(a)、(c)],这些霓长岩脉中矿物往往具有他形细粒结构。蚀变作用以钾长石蚀变为碎片状钠长石和细粒黑云母为特征,细粒的钾长石和钠长石、黑云母、霓辉石及钠铁闪石是霓长岩中的主要矿物,原生矿物很少可见,原生结构构造几乎完全破坏[图 3-5(d)、(f)]。在某些情况下,霓长岩中的裂隙被后期热液脉所充填[图 3-5(e)],热液脉主要由方解石、萤石、重晶石及少量氟碳铈矿构成,显示出碳酸岩流体移运及沉淀的典型特征。

里庄霓长岩的全岩地球化学成分数据见附表1,稀土配分曲线和微量元素蛛网图见图 3-4。霓长岩 $SiO_2$ 平均含量为 37.9%,$Al_2O_3$ 平均含量为 10.4%,$K_2O$ 平均含量为 7.33%,$Na_2O$ 平均含量为 1.32%。相比于正长岩原岩,霓长岩相对富集稀土($\sum$REE:7 385～7 469 ppm)和大离子不相容元素(Sr:12 126～12 480 ppm;Ba:10 309～10 466 ppm)。霓长岩稀土配分曲线表现出典型的轻稀土元素富集的"右倾"特征,且不显示 Eu 负异常,$\sum$REE 分布介于碳酸岩和正长岩之间[图 3-4(a)]。

### 3.1.4　稀土矿石

里庄矿床圈定的具有工业意义的矿体只有一个,主要赋存于碳酸岩-正长岩杂岩体的构造破碎带中,并受北东-南西向构造的控制(图 3-1)。矿体呈较大脉状产出,大脉内部可能有北东、北西和近南北走向的细网脉[图 3-6(a)],这些脉体倾向一般为 270°～300°,倾角 30°～65°。里庄矿床矿化带东西较窄,南北长超过 360 m,延深大于 200 m,与围岩并没有明显的界线,借助取样分析才能准确圈定,在矿体中部有一延深超过 100 m 的花岗岩夹石体(侯增谦 等,2008)。矿脉往往具有规则的几何特征,长度在 30～100 m 之间,厚度介于 2.2～11.6 m 之间。与冕宁-德昌稀土矿带的牦牛坪(Xie et al.,2009;Liu et al.,2019a)和大

（a）含霓长岩脉的正长岩

（b）正长岩含霓辉石+黑云母+钠铁闪石的矿物脉

（c）霓长岩细脉穿插正长岩

（d）正长岩和霓长岩截然不同的镜下区域

（e）后期脉体充填霓长岩

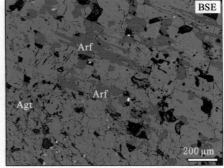

（f）霓长岩镜下矿物组成，含细粒霓辉石和钠铁闪石

（一）—单偏光；（＋）—正交偏光；BSE—背散射图像；Agt—霓辉石；Bt—黑云母；Arf—钠铁闪石。

图3-5　里庄矿床霓长岩野外（左侧）及镜下（右侧）照片

（a）含萤石+方解石+氟碳铈矿+黄铁矿的细矿脉

（b）含萤石+石英+重晶石+方解石+
氟碳铈矿典型矿石（一）

（c）含萤石+石英+重晶石+方解石+
氟碳铈矿典型矿石（二）

（d）含萤石+石英+重晶石+方解石+
氟碳铈矿典型矿石（三）

（e）含萤石+石英+重晶石+方解石+
氟碳铈矿典型矿石（四）

（f）图3-6（e）矿石的侧面特写

Fl—萤石；Qtz—石英；Cal—方解石；Brt—重晶石；Bsn—氟碳铈矿。

图 3-6 里庄矿床稀土矿石野外和手标本照片

陆槽(Liu et al.,2015b,2015c)等矿床相比,里庄矿床蚀变较弱、矿物组合较为简单,这可能与里庄矿区相对较弱的局部构造活动有关。

　　浸染状和角砾状矿石是该矿床中主要的稀土矿石类型,不同类型的矿石可能出现在同一脉体中。浸染状矿石[图 3-6(b)、(c)]在里庄矿床中最为常见,多呈灰白色或棕色,主要由方解石、萤石、重晶石、石英、氟碳铈矿及少量副矿物(如黄铁矿等)组成。角砾状矿石[图 3-6(d)～(f)]主要由方解石、重晶石、萤石、氟碳铈矿、石英及黑云母组成,主要分布于矿体透镜体内或碳酸岩-正长岩杂岩体的裂隙中。部分矿石可能含有磷灰石,该矿物多以粒状或短柱状的晶体产出[图 3-7(c)、(e)、(f)]。附表 1 列出了里庄矿床典型矿石的全岩地球化学成分数据,并在图 3-4 中绘制了其稀土配分曲线和微量元素蛛网图。结果表明,里庄矿石的稀土配分形式和碳酸岩、正长岩、霓长岩类似,均显示具有 Y 负异常的"右倾"形式[图 3-4(a)],但矿石的稀土总量(34 416～46 800 ppm)明显高于碳酸岩、正长岩和霓长岩。

　　氟碳铈矿(包括极少量氟碳钙铈矿和独居石)是该矿床的主要稀土矿物,呈棕黄色半自形-自形短柱状或薄板状,晶粒可超过 2 cm[图 3-6(e)、(f)],部分氟碳铈矿晶体粒径可能较为细小,呈浸染状分布于矿石中[图 3-6(b)]。野外观察[图 3-6(a)～(d)]和镜下研究[图 3-7(a)～(d)]均发现,氟碳铈矿总是充填于萤石、石英、方解石、重晶石等脉石矿物形成的间隙之内或叠加于这些脉石矿物之上,表明氟碳铈矿的大规模结晶可能晚于早期脉石矿物的形成。里庄矿石中氟碳铈矿 $La_2O_3$-$Ce_2O_3$-$Nd_2O_3$ 成分三角投图如图 3-8 所示。结果表明,里庄氟碳铈矿的稀土元素组分主要由 La、Ce、Nd 组成,其中 Ce 和 La 数量最多,与全球范围内碳酸岩型稀土矿床中的独居石成分相差较大(Chen et al.,2017)。萤石是矿脉中最重要的脉石矿物,主要呈自形或半自形晶体产出[图 3-6(a)～(d),图 3-7(d)～(f)]。方解石是里庄矿石中数量最多的脉石矿物,可观察到明显的矿物解理[图 3-7(a)],由于常遭受热液蚀变而使矿物表面略显模糊。石英以自形-半自形晶体的形式出现,其长度可达 0.4 cm,矿物生长空间通常由石英和方解石界定[图 3-6(c)、(d)]。重晶石通常以直径达 2 cm 的较大晶体形式存在,往往遭受强烈的风化作用而使表面疏松[图 3-6(b)、(d)]。

　　图 3-9 对比了典型稀土矿石中萤石、方解石和氟碳铈矿单矿物的球粒陨石标准化稀土配分形式。结果表明,萤石以中等偏高 $\sum$REE 含量为特征,并在稀土配分曲线上展现出呈现出平缓的负斜率和正 Y 异常[图 3-9(a)]。方解石的球粒陨石标准化模式呈现负斜率,且相对平滑[图 3-9(a)]。图 3-9(b)对比了里庄方解石与全球范围内其他碳酸岩杂岩体中方解石平均稀土含量的球粒陨石标准化曲线。结果表明,里庄方解石的稀土配分形式较为平滑,且稀土总量显著高

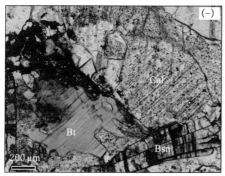

（a）短柱状、柱状氟碳铈矿充填于
脉石矿物形成的间隙之内（一）

（b）短柱状、柱状氟碳铈矿充填于
脉石矿物形成的间隙之内（二）

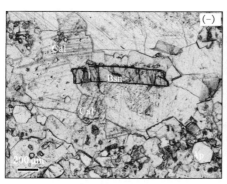

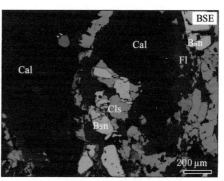

（c）短柱状、柱状氟碳铈矿充填于
脉石矿物形成的间隙之内（三）

（d）破碎粒状或柱状氟碳铈矿叠加于
方解石、萤石、天青石等脉石矿物之上

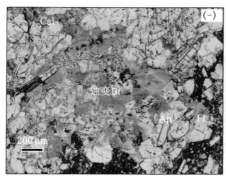

（e）含磷灰石、萤石和蚀变黑云母

（f）与图3-7（e）对应的正交偏光照片

（一）—单偏光；（＋）—正交偏光；BSE—背散射图像；Fl—萤石；Cal—方解石；Bt—黑云母，
Cls—天青石；Ap—磷灰石；Bsn—氟碳铈矿。

图 3-7　里庄矿床典型稀土矿石镜下照片

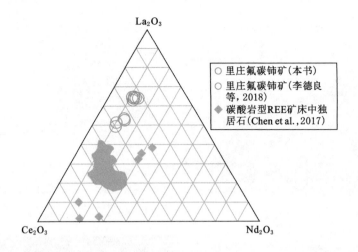

图 3-8    里庄矿床氟碳铈矿 La$_2$O$_3$-Ce$_2$O$_3$-Nd$_2$O$_3$ 成分三角投图

于其他碳酸岩杂岩体中的方解石。与萤石、方解石单矿物相比,$\sum$REE 含量最高(是氟碳铈矿最重要的诊断属性)。氟碳铈矿球粒陨石标准化稀土模式显示出明显的坡度变化,但无明显的 Y 异常。此外,氟碳铈矿的轻稀土含量远高于重稀土,这也体现在氟碳铈矿稀土配分曲线具有较高的负斜率中[图 3-9(a)]。

### 3.1.5    矿物生成顺序

结合野外观察、镜下分析和前人研究成果,本书提出了里庄矿床稀土矿物和脉石矿物生成顺序表(图 3-10)。在里庄矿床,首先区分了岩浆期和后热液期两个过程,岩浆期以碳酸岩-正长岩杂岩体及相关的造岩矿物的形成为标志。随后的热液期主要表现为霓长岩化作用的发生和热液矿脉的穿插形成,后者又可进一步区分为萤石、石英、方解石、重晶石等脉石矿物生成的前 REE 阶段和以氟碳铈矿大规模沉淀为标志的 REE 阶段。霓长岩化作用表现为从碳酸岩岩浆出溶的早期相对高温的流体与围岩发生交代蚀变作用,这个过程中霓辉石、钠铁闪石、黑云母等霓长岩中的标志性矿物大量生成。前 REE 阶段与穿插于碳酸岩-正长岩杂岩体裂隙的矿脉中脉石矿物集合体(如萤石、石英、方解石、重晶石和天青石)的结晶有关,这些热液脉石矿物大致在相互接近的时间段形成。REE 阶段是矿化主要阶段,表现为稀土矿物氟碳铈矿的大量结晶,结晶生成的氟碳铈矿通常充填于早期热液脉石矿物形成的空隙之内,或者叠加于这些矿物之上。总体而言,里庄成矿期次与矿物生成顺序与牦牛坪和大陆槽较为相似,但缺少伟晶岩阶段,且矿物共生组合更为简单。

样品/球粒陨石

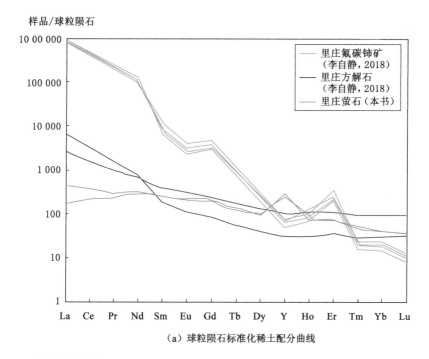

（a）球粒陨石标准化稀土配分曲线

样品/球料陨石

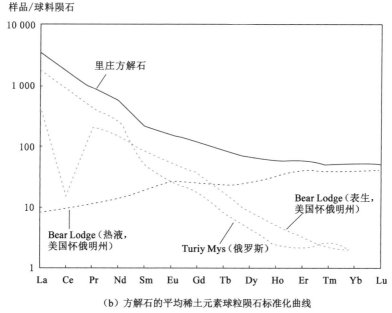

（b）方解石的平均稀土元素球粒陨石标准化曲线

图 3-9　里庄矿床矿石中萤石、方解石和氟碳铈矿单矿物的稀土配分曲线

（Bear Lodge 及 Turiy Mys 中方解石数据引自 Chakhmouradian et al. ,2016）

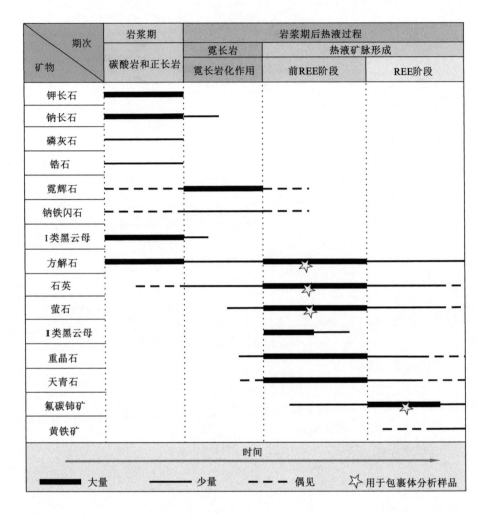

图 3-10　里庄矿床矿物生成顺序表

## 3.2　地质年代学

选择里庄矿床碳酸岩-正长岩杂岩体中与稀土矿化密切相关的新鲜正长岩中的岩浆锆石进行 LA-ICP-MS U-Pb 同位素定年测试,测试结果见表 3-1 和图 3-11。所有测试的岩浆锆石颗粒的 Th/U 比均大于 0.1(表 3-1),与岩浆锆石的 Th/U 比一致(Corfu et al.,2013)。测试结果显示,所有锆石的测试值具有良好的协和性[图 3-11(a)],并在图 3-11(b)中产生了(27.59±0.24)Ma

**表 3-1　里庄矿床新鲜正长岩中锆石 LA-ICP-MS U-Pb 年龄测试数据**

| 序号 | ppm | | | Th/U | 同位素比 | | | | | | 年龄/Ma | |
|---|---|---|---|---|---|---|---|---|---|---|---|---|
| | Pb | Th | U | | $^{207}Pb/^{206}Pb$ | $1\sigma$ | $^{207}Pb/^{235}U$ | $1\sigma$ | $^{206}Pb/^{238}U$ | $1\sigma$ | $^{206}Pb/^{238}U$ | $1\sigma$ |
| 1 | 51 | 11 272 | 7 839 | 1.44 | 0.049 11 | 0.001 66 | 0.028 96 | 0.001 03 | 0.004 26 | 0.000 08 | 27.41 | 0.5 |
| 2 | 33 | 4 700 | 5 780 | 0.81 | 0.049 75 | 0.002 12 | 0.029 68 | 0.001 26 | 0.004 34 | 0.000 07 | 27.91 | 0.4 |
| 3 | 52 | 8 945 | 8 807 | 1.02 | 0.048 43 | 0.001 76 | 0.028 27 | 0.001 05 | 0.004 23 | 0.000 07 | 27.20 | 0.5 |
| 4 | 51 | 5 971 | 9 264 | 0.64 | 0.049 71 | 0.001 60 | 0.029 68 | 0.001 01 | 0.004 33 | 0.000 07 | 27.84 | 0.4 |
| 5 | 52 | 5 662 | 9 662 | 0.59 | 0.048 98 | 0.001 43 | 0.029 56 | 0.001 05 | 0.004 31 | 0.000 07 | 27.73 | 0.4 |
| 6 | 49 | 9 544 | 7 868 | 1.21 | 0.050 54 | 0.001 69 | 0.029 36 | 0.001 04 | 0.004 2 | 0.000 07 | 27.05 | 0.4 |
| 7 | 50 | 10 763 | 7 512 | 1.43 | 0.046 67 | 0.001 42 | 0.027 89 | 0.000 83 | 0.004 35 | 0.000 06 | 28.01 | 0.4 |
| 8 | 21 | 4 011 | 3 484 | 1.15 | 0.051 65 | 0.002 42 | 0.029 87 | 0.001 47 | 0.004 24 | 0.000 07 | 27.24 | 0.5 |
| 9 | 1 467 | 59 231 | 7 706 | 7.69 | 0.048 85 | 0.001 58 | 0.028 56 | 0.000 97 | 0.004 23 | 0.000 07 | 27.23 | 0.5 |
| 10 | 1 628 | 65 680 | 5 830 | 11.27 | 0.048 07 | 0.001 84 | 0.028 57 | 0.001 05 | 0.004 34 | 0.000 08 | 27.90 | 0.5 |
| 11 | 1 947 | 78 626 | 9 244 | 8.51 | 0.047 98 | 0.001 33 | 0.028 69 | 0.000 80 | 0.004 36 | 0.000 06 | 28.07 | 0.4 |
| 12 | 3 352 | 144 334 | 8 564 | 16.85 | 0.050 34 | 0.001 74 | 0.029 41 | 0.001 18 | 0.004 23 | 0.000 07 | 27.19 | 0.4 |
| 13 | 2 078 | 85 552 | 5 239 | 16.33 | 0.048 17 | 0.001 63 | 0.028 29 | 0.000 94 | 0.004 30 | 0.000 07 | 27.63 | 0.4 |

样品（LZ12-1）：里庄矿床碳酸岩-正长岩杂岩体中的新鲜正长岩样品

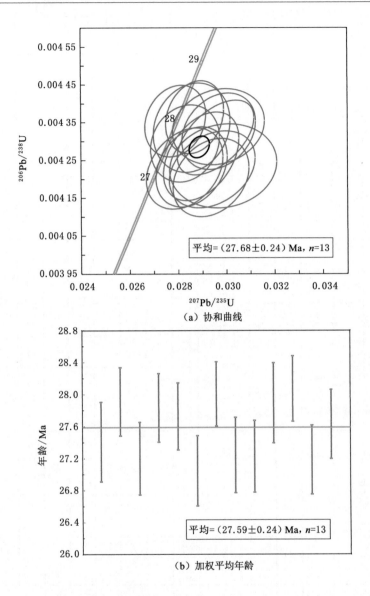

图 3-11　里庄矿床正长岩的锆石 LA-ICP-MS U-Pb 定年

(MSWD=0.69)的 $^{206}$Pb/$^{238}$U 加权平均年龄。根据本次得出的正长岩锆石U-Pb
年龄,并结合以往研究中的地质年代学数据,对里庄矿床的成岩成矿年龄进行了
总结(图 3-12)。Ling 等(2016)报道了里庄矿床氟碳铈矿的 SIMS Th-Pb 年龄
[(28.4±0.2) Ma,$n=20$],这是该矿床中稀土矿化的直接定年。鉴于里庄稀土
矿石云母往往与氟碳铈矿共生,因此云母的矿物学年龄亦可间接代表稀土矿化

的年龄。李德良等(2018)采用黑云母$^{40}Ar/^{39}Ar$年龄约束了26.0 Ma的稀土矿化年龄,其中黑云母分离自稀土矿石。然而,以下两个因素导致该年龄的可靠性存在疑问:① 该年龄的分析误差($\pm 1.1$ Ma)过大,尤其是考虑到里庄矿床较年轻的岩浆活动时代;② 云母容易遭受热液蚀变的干扰而使成分发生变化,从而使定年结果产生误差。

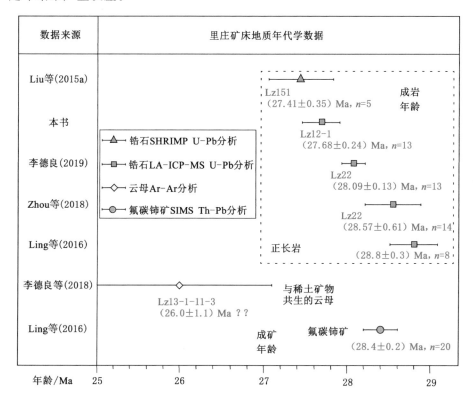

图 3-12 里庄矿床地质年代学数据汇总图

相比之下,锆石 U-Pb 年龄较为可靠,因为锆石的封闭温度较高,在很大程度上可抵抗热液蚀变的侵扰。Liu 等(2015b)采用 SHRIMP 定年约束了里庄正成岩年龄[(27.41±0.35) Ma],尽管 SHRIMP 定年明显比 LA-ICP-MS 方法更为精确,但该年龄较少的样本数($n=5$)可能在一定程度上限制了其准确性。Ling 等(2016)、Zhou 等(2018)和李德良(2019)均给出了里庄正长岩的锆石 LA-ICP-MS 年龄,分别为(28.8±0.3) Ma($n=8$)、(28.57±0.61) Ma($n=14$)和(28.09±0.13) Ma($n=13$)。选择图 3-12 中列出的五组正长岩锆石年龄,采用加权平均计算得出其平均年龄为 28.16 Ma($n=52$),这可视为里庄矿床正长岩较为准确的侵位年龄。尽管里庄碳酸岩没有明确的年代学数据,但其与正长岩关系,如密切的空间共生(图 3-2)、前人报道的液态不混溶性成因(Hou et al.,2006)和相似的 Sr-Nd-Pb 同位素数据(Hou et al.,2015;Liu et al.,2017),暗示这两种岩石的形成年龄相近。这意味着 28.16 Ma 可视为里庄碳酸岩-正长岩的杂岩体形成年龄。碳酸岩-正长岩杂岩体的锆石 U-Pb 年龄(28.16 Ma)与氟碳铈矿 Th-Pb 年龄(28.4 Ma)一致(误差范围小于 1‰,均近似视为 28 Ma),表明里庄矿床成岩和成矿事件是几乎同时发生的。

图 3-12 中,正长岩的年龄代表里庄成岩年龄,氟碳铈矿以及与氟碳铈矿共生云母的年龄代表稀土矿化年龄,红色问号代表该年龄数据可能存疑。

## 3.3　黑云母矿物学

黑云母是一种重要的层状硅酸盐矿物,是破译岩浆-热液体系中物理化学特征的常见矿物相(Siahcheshm et al.,2012;Afshooni et al.,2013)。黑云母作为岩浆岩中普遍存在的组分,能广泛进行同价或异价类质同象替代并形成固溶体系列(Reguir et al.,2009;Parsapoor et al.,2015)。这种矿物被广泛认为是各种地质过程的理想监测器,因为它涵盖了广泛的结晶条件,对各种物理化学条件(如温度、压力、卤素成分、氧逸度等)敏感(Ayati et al.,2008;Siahcheshm et al.,2012)。因此,黑云母矿物学分析一直是各类金属矿床(如斑岩铜矿、稀有金属矿床等)研究的重要手段(Moshefi et al.,2018;Tang et al.,2019)。

里庄矿床可视为研究黑云母矿物学的理想对象,原因如下:① 矿床中存在两类黑云母;② 两类黑云母具有不同的矿物组合;③ 两类黑云母都含有大颗粒晶体,可用于精确的成分分析。本次研究选择矿化区域内的典型样品,在河北省区域地质矿产调查研究所磨制薄片进行岩相学观察,并选择晶体较大、蚀变最小的黑云母颗粒进行,在中国地质科学院矿产资源研究所电子探针实验室进行电子探针成分分析。利用这两类黑云母的成分数据集,对有利于稀土成矿的物理化学条件提供见解,并开发可靠的地球化学指标以用于稀土资源的常规勘探。

### 3.3.1　云母岩相学特征

黑云母在里庄矿床中广泛存在,基于其共生的矿物组合可将黑云母分为两类。Ⅰ类黑云母常常与碱性长石和霓辉石(可能涉及少量钠铁闪石)密切共生(图 3-13),广泛分布于矿脉与碳酸岩-正长岩杂岩体的接触部分。Ⅱ类黑云母发育于热液矿脉的稀土矿石中,与萤石、重晶石、方解石、石英,尤其是氟碳铈矿共生(图 3-14)。两类云母结晶的相对事件顺序如图 3-10 所示。

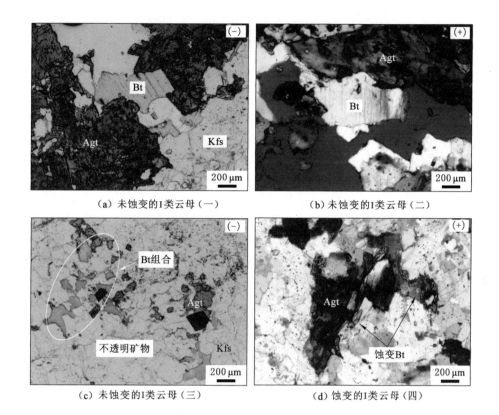

（a）未蚀变的I类云母（一）　　（b）未蚀变的I类云母（二）

（c）未蚀变的I类云母（三）　　（d）蚀变的I类云母（四）

（一）—单偏光；（＋）—正交偏光；Agt—霓辉石；Bt—黑云母；Kfs—钾长石。

图 3-13　里庄矿床Ⅰ类黑云母显微照片

Ⅰ类黑云母在结构上表现为半自形-他形,在单偏光下具有从深棕色至浅黄色的强烈多色性。未蚀变的此类黑云母长轴为 0.1～1.5 mm,与其他矿物呈直线接触[图 3-13(a)、(b)]。在某些情况下,一些黑云母晶体以非定向的片状聚集体形式出现,通常大小为 50～200 $\mu$m,可能与不透明金属矿物共生[图 3-13(c)]。一些黑云母遭受了强烈的蚀变,蚀变主要发生于与霓辉石的接触区域,只余下原始黑云母的微小遗迹[图 3-13(d)]。蚀变具有很强的破坏性,通常表现为磨损、参差不齐、碎片状和扭结状纹理的出现。尽管如此,黑云母和霓辉石在一些地方仍然可辨认,在这些地方黑云母断裂并部分蚀变为细颗粒。

Ⅱ类黑云母的成分特征和结构特征明显不同于Ⅰ类黑云母,这类黑云母显示出高度可变的矿物结构,如从自形到他形片状、浸染状或脉状。此类黑云母主要呈棕色至红棕色,在单偏光镜下具有较弱的多色性。未蚀变的黑云母通常具有约 2∶1 的长宽比例,并表现出与其他矿物的清晰边界[图 3-14(a)]。其中,一些黑

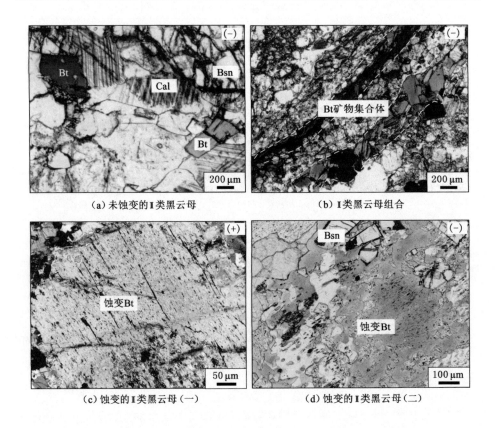

（a）未蚀变的Ⅰ类黑云母　　　　　　　　（b）Ⅰ类黑云母组合

（c）蚀变的Ⅰ类黑云母（一）　　　　　　（d）蚀变的Ⅰ类黑云母（二）

（一）—单偏光；（＋）—正交偏光；Bsn—氟碳铈矿；Bt—黑云母；Cal—方解石。

图 3-14　里庄矿床Ⅱ类黑云母显微照片

云母颗粒以细粒片状（通常为 $50\sim300~\mu m$）定向聚集的形式出现[图 3-14（b）]，而碎裂结构[图 3-14（c）、（d）]的出现表明其边缘或解理遭受了强烈的热液蚀变。蚀变黑云母通常在正交偏光下以橙红色薄片的形式出现[图 3-14（c）]，其边缘模糊或在单偏光下呈亮棕色[图 3-14（d）]。

### 3.3.2　云母地球化学

#### 3.3.2.1　分类

两类黑云母的电子探针成分分析数据列于表 3-2（Ⅰ类）和表 3-3（Ⅱ类）。根据 Foster（福斯特）于 1960 年提出的命名规则，利用主量元素地球化学特征对黑云母进行分类，Ⅰ类黑云母主要投点在 $Mg$-$(Al^{VI}+Fe^{3+}+Ti)$-$(Fe^{2+}+Mn)$ 三元图（图 3-15）中的镁质黑云母区域内。Ⅱ类黑云母的组成范围相对较广，跨越镁质黑云母和金云母区域，大多数黑云母落在接近理想金云母成分的区域内

（图 3-15）。考虑到这一类黑云母的高 F 含量,这些金云母被进一步确定为氟金云母[详细命名规则见 Tischendorf 等(2007)]。

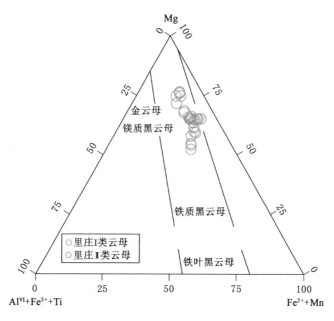

图 3-15　里庄矿床两类黑云母在 Mg-(Al$^{VI}$＋Fe$^{3+}$＋Ti)-(Fe$^{2+}$＋Mn)三元图上的分类

### 3.3.2.2　化学成分

定义于 Mg/(Fe＋Mg)的 $X_{Mg}$ 值(Ayati et al.,2008)通常是区分黑云母种类的有用参数。图 3-16 显示了黑云母一些主量成分参数与 $X_{Mg}$ 之间的相关性。与 Ⅰ 类黑云母(0.58～0.70,平均值为 0.66;表 3-2)相比,$X_{Mg}$ 含量高是 Ⅱ 类黑云母(0.63～0.80,平均值为 0.72;表 3-3)最重要的诊断属性。两类黑云母中 $SiO_2$、$TiO_2$、$Al_2O_3$、$FeO_{tot}$ 含量具有不同的分布范围[图 3-16(a)～(d)]。具体而言,Ⅰ 类黑云母具有相对较高的 Al、Ti 和 Fe(对应的氧化物分别为 10.2%～12.4%、0.49%～1.85% 和 12.2%～15.9%),但相对较低的 Si 含量(对应的氧化物为 40.0%～42.5%),Ⅱ 类黑云母则刚好相反。

里庄矿床两类黑云母的氯含量均较低,可忽略不计(表 3-2、表 3-3)。而氟含量在两类云母中是可变的,在 Ⅱ 类云母中为 2.20%～4.06%(计算的 apfu 为 1.06～1.97,其中 apfu 为每单位化学式中的原子数;表 3-3),而在 Ⅰ 类黑云母中为 0.87%～1.59% 或 0.42～0.77 apfu[表 3-2、图 3-17(a)]。一般来说,卤素含量本身不足以衡量相对富集程度,但 Mg/Fe 比率非常接近的黑云母除外(Moshefi et al.,2018)。因此,为了便于比较,可定义氟截距值[IV(F)]以衡量

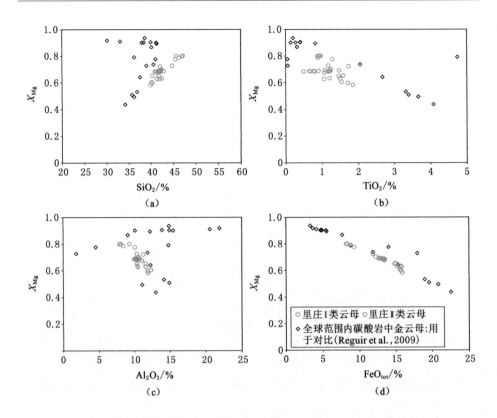

图 3-16 里庄矿床两类黑云母 $SiO_2$、$TiO_2$、$Al_2O_3$ 和 $FeO_{tot}$ 含量与 $X_{Mg}$ 的相关性图解

黑云母中氟的相对富集程度。IV(F)的计算基于以下方程式：

$$IV(F) = 1.52X_{Mg} + 0.42X_{ann} + 0.20X_{sid} - \log(X_F/X_{OH})$$

式中，$X_{sid} = [(3-Si/Al)/1.75] \times (1-X_{Mg})$；$X_{ann} = 1-(X_{Mg} + X_{sid})$。

IV(F)值与温度无关，与 $X_F$ 呈负相关关系，即氟含量越高其截距值越低。图 3-17(b)显示，Ⅱ类黑云母的 IV(F)值(1.15~1.78，平均值为 1.46)低于 Ⅰ类黑云母(1.68~2.10，平均值为 1.91)。

### 3.3.2.3 氧逸度

黑云母结晶过程中氧逸度的相对高低可通过使用 $Fe^{2+}$-$Fe^{3+}$-$Mg^{2+}$ 三元图解来确定，该图绘制了氧逸度的缓冲界限。尽管这些氧逸度界限最初应用于表征硅酸岩种的黑云母，但最近的研究表明它们可用于碳酸岩相关体系(Giebel et al.,2019)。如图 3-18 所示，黑云母成分与常见的氧逸度缓冲界限如 QFM(铁铝石-石英-磁铁矿)、NNO(镍-氧化镍)和 HM(赤铁矿-磁铁矿)的比较表明，两种类型的黑云母都位于 NNO 缓冲界限之上。

表 3-2　里庄矿床Ⅰ类黑云母电子探针成分数据

| 云母类型 | 类型Ⅰ：与碱性长石、霓辉石共生 | | | | | | | | | | | | | |
| 序号 | 1 | 2 | 3 | 4 | 5 | 6 | 7 | 8 | 9 | 10 | 11 | 12 | 13 | 14 |
| 测试结果/% | | | | | | | | | | | | | | |
| $SiO_2$ | 41.0 | 42.4 | 41.8 | 42.2 | 41.2 | 42.3 | 41.5 | 41.9 | 42.4 | 42.5 | 40.2 | 41.4 | 40.4 | 40.0 |
| $TiO_2$ | 0.67 | 0.65 | 0.90 | 0.49 | 0.79 | 0.77 | 1.07 | 1.18 | 1.48 | 1.24 | 1.54 | 1.50 | 1.71 | 1.85 |
| $Al_2O_3$ | 10.6 | 10.7 | 10.4 | 10.2 | 10.5 | 10.6 | 11.1 | 10.6 | 10.7 | 10.6 | 12.4 | 11.6 | 11.9 | 11.9 |
| $FeO_{tot}$ | 13.3 | 13.3 | 13.1 | 13.4 | 13.5 | 13.2 | 13.4 | 13.3 | 12.9 | 12.2 | 15.6 | 15.2 | 15.7 | 15.9 |
| $MnO$ | 0.72 | 0.73 | 0.69 | 0.68 | 0.68 | 0.71 | 0.22 | 0.25 | 0.24 | 0.22 | 0.27 | 0.33 | 0.27 | 0.30 |
| $MgO$ | 16.2 | 16.5 | 16.2 | 16.2 | 16.3 | 16.2 | 15.7 | 16.1 | 16.2 | 16.2 | 13.4 | 14.5 | 13.1 | 12.5 |
| $Na_2O$ | 0.08 | 0.08 | 0.03 | 0.04 | 0.04 | 0.06 | 0.06 | 0.06 | 0.04 | 0.06 | 0.08 | 0.08 | 0.07 | 0.05 |
| $K_2O$ | 11.3 | 11.2 | 11.4 | 11.2 | 11.4 | 11.1 | 11.2 | 11.1 | 11.4 | 11.2 | 9.53 | 9.30 | 9.49 | 9.44 |
| $F$ | 1.25 | 0.98 | 1.12 | 0.96 | 0.87 | 0.99 | 1.18 | 1.22 | 1.47 | 1.24 | 1.59 | 1.54 | 1.52 | 1.24 |
| $BaO$ | 0.00 | 0.00 | 0.00 | 0.00 | 0.00 | 0.00 | 0.00 | 0.00 | 0.00 | 0.00 | 0.07 | 0.33 | 0.40 | 0.39 |
| 总计 | 95.2 | 96.6 | 95.7 | 95.5 | 95.3 | 96.1 | 95.6 | 95.9 | 97 | 95.5 | 94.7 | 95.9 | 94.6 | 93.6 |
| 计算参数（计算方法据林文蔚等，1994） | | | | | | | | | | | | | | |
| $F$ | 0.60 | 0.47 | 0.54 | 0.47 | 0.42 | 0.48 | 0.57 | 0.59 | 0.70 | 0.60 | 0.77 | 0.75 | 0.74 | 0.61 |
| $OH$ | 3.40 | 3.53 | 3.46 | 3.53 | 3.58 | 3.52 | 3.43 | 3.41 | 3.30 | 3.40 | 3.22 | 3.25 | 3.26 | 3.39 |
| $Si$ | 6.19 | 6.25 | 6.25 | 6.31 | 6.20 | 6.28 | 6.21 | 6.24 | 6.25 | 6.31 | 6.10 | 6.19 | 6.15 | 6.14 |
| $Al$ | 1.89 | 1.87 | 1.84 | 1.79 | 1.86 | 1.85 | 1.95 | 1.86 | 1.85 | 1.85 | 2.21 | 2.04 | 2.13 | 2.16 |

表 3-2（续）

| 云母类型 | 类型 I：与碱性长石、霓辉石共生 | | | | | | | | | | | | | |
| 序号 | 计算参数（计算方法据林文蔚等，1994） | | | | | | | | | | | | | |
| | 1 | 2 | 3 | 4 | 5 | 6 | 7 | 8 | 9 | 10 | 11 | 12 | 13 | 14 |
|---|---|---|---|---|---|---|---|---|---|---|---|---|---|---|
| $Al^{IV}$ | 1.81 | 1.75 | 1.75 | 1.69 | 1.80 | 1.72 | 1.79 | 1.76 | 1.75 | 1.69 | 1.90 | 1.81 | 1.85 | 1.86 |
| $Al^{VI}$ | 0.08 | 0.12 | 0.09 | 0.11 | 0.06 | 0.13 | 0.16 | 0.10 | 0.10 | 0.16 | 0.31 | 0.23 | 0.28 | 0.30 |
| Ti | 0.08 | 0.07 | 0.10 | 0.06 | 0.09 | 0.09 | 0.12 | 0.13 | 0.16 | 0.14 | 0.18 | 0.17 | 0.20 | 0.21 |
| $Fe_{tot}$ | 1.68 | 1.64 | 1.63 | 1.67 | 1.70 | 1.63 | 1.67 | 1.66 | 1.59 | 1.52 | 1.97 | 1.90 | 2.00 | 2.04 |
| $Fe^{3+}$ | 0.17 | 0.21 | 0.20 | 0.21 | 0.17 | 0.23 | 0.23 | 0.24 | 0.24 | 0.24 | 0.33 | 0.33 | 0.34 | 0.35 |
| $Fe^{2+}$ | 1.51 | 1.43 | 1.43 | 1.46 | 1.53 | 1.40 | 1.44 | 1.42 | 1.35 | 1.28 | 1.64 | 1.57 | 1.66 | 1.69 |
| Mn | 0.09 | 0.09 | 0.09 | 0.09 | 0.09 | 0.09 | 0.03 | 0.03 | 0.03 | 0.03 | 0.03 | 0.04 | 0.03 | 0.04 |
| Mg | 3.65 | 3.63 | 3.61 | 3.62 | 3.65 | 3.58 | 3.50 | 3.58 | 3.57 | 3.59 | 3.03 | 3.23 | 2.97 | 2.86 |
| Na | 0.02 | 0.02 | 0.01 | 0.01 | 0.01 | 0.02 | 0.02 | 0.02 | 0.01 | 0.02 | 0.02 | 0.02 | 0.02 | 0.01 |
| K | 2.18 | 2.12 | 2.18 | 2.15 | 2.18 | 2.10 | 2.14 | 2.11 | 2.14 | 2.13 | 1.84 | 1.77 | 1.84 | 1.85 |
| $X_{Mg}$ | 0.68 | 0.69 | 0.69 | 0.68 | 0.68 | 0.69 | 0.68 | 0.68 | 0.69 | 0.70 | 0.61 | 0.63 | 0.60 | 0.58 |
| $X_{Fe}$ | 0.33 | 0.33 | 0.32 | 0.33 | 0.32 | 0.33 | 0.34 | 0.33 | 0.32 | 0.32 | 0.43 | 0.40 | 0.43 | 0.45 |
| $X_F$ | 0.15 | 0.12 | 0.13 | 0.12 | 0.11 | 0.12 | 0.14 | 0.15 | 0.18 | 0.15 | 0.19 | 0.19 | 0.19 | 0.15 |
| $X_{OH}$ | 0.85 | 0.88 | 0.87 | 0.88 | 0.89 | 0.88 | 0.86 | 0.85 | 0.82 | 0.85 | 0.81 | 0.81 | 0.81 | 0.85 |
| IV(F) | 1.92 | 2.05 | 1.99 | 2.06 | 2.10 | 2.05 | 1.94 | 1.93 | 1.85 | 1.95 | 1.68 | 1.74 | 1.70 | 1.79 |

注：$X_{Mg}[X_{Mg}=Mg/(Mg+Fe)]$与$X_{Fe}[X_{Fe}=(Fe+Al^{VI})/(Fe+Mg+Al^{VI})]$分别为 Mg 和 Fe 的摩尔分数（Ayati et al.，2008）；$OH=4-(Cl+F)$（Zhang et al.，2016）。

表 3-3　里庄矿床 II 类云母黑云母电子探针成分数据

类型 II：与氟碳铈矿密切共生

测试结果/%

| 云母类型 序号 | 1 | 2 | 3 | 4 | 5 | 6 | 7 | 8 | 9 | 10 | 11 | 12 | 13 | 14 | 15 |
|---|---|---|---|---|---|---|---|---|---|---|---|---|---|---|---|
| $SiO_2$ | 47.0 | 47.2 | 47.0 | 46.3 | 41.9 | 42.3 | 44.9 | 45.5 | 45.7 | 42.5 | 42.1 | 41.9 | 43.0 | 40.4 | 42.1 |
| $TiO_2$ | 0.87 | 0.94 | 0.96 | 0.89 | 1.23 | 1.08 | 1.17 | 1.29 | 0.92 | 1.21 | 1.06 | 1.46 | 1.20 | 1.58 | 1.74 |
| $Al_2O_3$ | 8.05 | 8.11 | 7.94 | 8.43 | 10.3 | 10.2 | 10.4 | 10.1 | 9.33 | 10.4 | 10.5 | 10.4 | 9.96 | 11.6 | 11.3 |
| $FeO_{tot}$ | 8.33 | 8.32 | 8.27 | 8.82 | 12.7 | 12.7 | 11.6 | 9.29 | 8.21 | 15.6 | 15.8 | 14.8 | 13.3 | 14.9 | 11.9 |
| $MnO$ | 0.11 | 0.08 | 0.10 | 0.13 | 0.01 | 0.01 | 0.03 | 0.04 | 0.06 | 0.26 | 0.27 | 0.20 | 0.18 | 0.19 | 0.02 |
| $MgO$ | 18.6 | 19.0 | 18.6 | 18.4 | 15.8 | 16.2 | 17.4 | 18.1 | 18.7 | 15.2 | 15.0 | 15.5 | 16.4 | 15.9 | 17.4 |
| $CaO$ | 0.05 | 0.00 | 0.00 | 0.01 | 0.21 | 0.12 | 0.06 | 0.00 | 0.00 | 0.00 | 0.00 | 0.13 | 0.05 | 0.02 | 0.02 |
| $Na_2O$ | 0.20 | 0.21 | 0.23 | 0.23 | 0.07 | 0.07 | 0.05 | 0.06 | 0.13 | 0.03 | 0.02 | 0.01 | 0.05 | 0.14 | 0.07 |
| $K_2O$ | 11.5 | 11.6 | 11.6 | 11.5 | 11.1 | 11.1 | 11.1 | 10.2 | 10.4 | 9.24 | 9.33 | 9.61 | 9.49 | 9.06 | 9.43 |
| $P_2O_5$ | 0.02 | 0.00 | 0.01 | 0.00 | 0.00 | 0.00 | 0.00 | 0.01 | 0.02 | 0.04 | 0.02 | 0.00 | 0.00 | 0.01 | 0.03 |
| $F$ | 2.20 | 2.51 | 2.42 | 2.37 | 2.84 | 3.09 | 3.28 | 2.62 | 3.06 | 4.03 | 3.74 | 4.05 | 4.06 | 2.89 | 3.66 |
| $Cl$ | 0.00 | 0.00 | 0.00 | 0.00 | 0.01 | 0.01 | 0.03 | 0.00 | 0.00 | 0.00 | 0.01 | 0.00 | 0.01 | 0.05 | 0.01 |
| $BaO$ | 0.00 | 0.00 | 0.00 | 0.05 | 0.09 | 0.05 | 0.06 | 0.00 | 0.05 | 0.08 | 0.03 | 0.11 | 0.00 | 0.17 | 0.03 |
| $Cr_2O_3$ | 0.19 | 0.01 | 0.06 | 0.02 | 0.21 | 0.15 | 0.08 | 0.00 | 0.01 | 0.00 | 0.00 | 0.00 | 0.00 | 0.00 | 0.00 |
| $Ce_2O_3$ | 0.25 | 0.10 | 0.06 | 0.00 | 0.00 | 0.00 | 0.00 | 0.00 | 0.00 | 0.00 | 0.00 | 0.00 | 0.00 | 0.00 | 0.00 |
| 总计 | 97.4 | 98.1 | 97.2 | 97.2 | 96.5 | 97.1 | 100 | 97.2 | 96.6 | 98.6 | 97.9 | 98.2 | 97.7 | 96.9 | 97.7 |

表3-3（续）

类型Ⅱ：与氟碳铈矿密切共生

计算参数（计算方法据林文蔚等,1994）

| 云母类型 序号 | 1 | 2 | 3 | 4 | 5 | 6 | 7 | 8 | 9 | 10 | 11 | 12 | 13 | 14 | 15 |
|---|---|---|---|---|---|---|---|---|---|---|---|---|---|---|---|
| F | 1.06 | 1.21 | 1.17 | 1.13 | 1.36 | 1.49 | 1.59 | 1.27 | 1.47 | 1.96 | 1.81 | 1.97 | 1.93 | 1.38 | 1.72 |
| Cl | 0.00 | 0.00 | 0.00 | 0.00 | 0.00 | 0.00 | 0.01 | 0.00 | 0.00 | 0.00 | 0.00 | 0.00 | 0.00 | 0.01 | 0.00 |
| OH | 2.94 | 2.79 | 2.83 | 2.87 | 2.63 | 2.51 | 2.40 | 2.73 | 2.53 | 2.04 | 2.19 | 2.03 | 2.07 | 2.60 | 2.28 |
| Si | 6.77 | 6.75 | 6.78 | 6.70 | 6.30 | 6.32 | 6.42 | 6.55 | 6.64 | 6.31 | 6.29 | 6.26 | 6.38 | 6.05 | 6.19 |
| Al | 1.36 | 1.37 | 1.35 | 1.44 | 1.82 | 1.79 | 1.75 | 1.71 | 1.60 | 1.82 | 1.85 | 1.83 | 1.74 | 2.05 | 1.95 |
| Al$^{IV}$ | 1.23 | 1.25 | 1.22 | 1.30 | 1.70 | 1.68 | 1.58 | 1.45 | 1.36 | 1.69 | 1.71 | 1.74 | 1.62 | 1.95 | 1.81 |
| Al$^{VI}$ | 0.13 | 0.12 | 0.13 | 0.14 | 0.12 | 0.11 | 0.17 | 0.25 | 0.24 | 0.14 | 0.14 | 0.09 | 0.12 | 0.09 | 0.14 |
| Ti | 0.09 | 0.10 | 0.10 | 0.10 | 0.14 | 0.12 | 0.13 | 0.14 | 0.10 | 0.13 | 0.12 | 0.16 | 0.13 | 0.18 | 0.19 |
| Cr | 0.02 | 0.00 | 0.00 | 0.01 | 0.02 | 0.02 | 0.01 | 0.00 | 0.00 | 0.00 | 0.00 | 0.00 | 0.00 | 0.00 | 0.00 |
| Fe$_{tot}$ | 1.00 | 0.99 | 1.00 | 1.07 | 1.59 | 1.59 | 1.38 | 1.11 | 1.00 | 1.93 | 1.97 | 1.85 | 1.65 | 1.87 | 1.46 |
| Fe$^{3+}$ | 0.20 | 0.20 | 0.20 | 0.21 | 0.25 | 0.24 | 0.25 | 0.23 | 0.21 | 0.33 | 0.33 | 0.31 | 0.30 | 0.30 | 0.27 |
| Fe$^{2+}$ | 0.80 | 0.79 | 0.80 | 0.86 | 1.34 | 1.35 | 1.13 | 0.88 | 0.79 | 1.60 | 1.64 | 1.54 | 1.35 | 1.57 | 1.19 |
| Mn | 0.01 | 0.01 | 0.01 | 0.02 | 0.00 | 0.00 | 0.00 | 0.00 | 0.01 | 0.03 | 0.03 | 0.03 | 0.02 | 0.02 | 0.00 |
| Ni | 0.01 | 0.01 | 0.00 | 0.00 | 0.00 | 0.00 | 0.00 | 0.00 | 0.00 | 0.00 | 0.00 | 0.00 | 0.00 | 0.00 | 0.00 |
| Mg | 3.99 | 4.04 | 4.00 | 3.96 | 3.53 | 3.61 | 3.72 | 3.88 | 4.04 | 3.36 | 3.35 | 3.44 | 3.63 | 3.55 | 3.81 |

表 3-3（续）

| 云母类型 序号 | 类型Ⅱ：与氟碳铈矿矿密切共生 计算参数（计算方法据林文蔚等，1994） | | | | | | | | | | | | | | |
|---|---|---|---|---|---|---|---|---|---|---|---|---|---|---|---|
| | 1 | 2 | 3 | 4 | 5 | 6 | 7 | 8 | 9 | 10 | 11 | 12 | 13 | 14 | 15 |
| $Ca$ | 0.01 | 0.00 | 0.00 | 0.00 | 0.03 | 0.02 | 0.01 | 0.00 | 0.00 | 0.00 | 0.00 | 0.02 | 0.01 | 0.00 | 0.00 |
| $Na$ | 0.06 | 0.06 | 0.07 | 0.06 | 0.02 | 0.02 | 0.01 | 0.02 | 0.04 | 0.01 | 0.01 | 0.00 | 0.01 | 0.04 | 0.02 |
| $K$ | 2.11 | 2.11 | 2.13 | 2.12 | 2.12 | 2.12 | 2.03 | 1.88 | 1.92 | 1.75 | 1.78 | 1.83 | 1.80 | 1.73 | 1.77 |
| $X_{Mg}$ | 0.80 | 0.80 | 0.80 | 0.79 | 0.69 | 0.69 | 0.73 | 0.78 | 0.80 | 0.63 | 0.63 | 0.65 | 0.69 | 0.65 | 0.72 |
| $X_{Fe}$ | 0.22 | 0.22 | 0.22 | 0.23 | 0.33 | 0.32 | 0.30 | 0.26 | 0.23 | 0.38 | 0.39 | 0.36 | 0.33 | 0.36 | 0.30 |
| $X_F$ | 0.26 | 0.30 | 0.29 | 0.28 | 0.34 | 0.37 | 0.40 | 0.32 | 0.37 | 0.49 | 0.45 | 0.49 | 0.48 | 0.35 | 0.43 |
| $X_{OH}$ | 0.74 | 0.70 | 0.71 | 0.72 | 0.66 | 0.63 | 0.60 | 0.68 | 0.63 | 0.51 | 0.55 | 0.51 | 0.52 | 0.65 | 0.57 |
| $IV(F)$ | 1.78 | 1.70 | 1.72 | 1.72 | 1.47 | 1.42 | 1.41 | 1.61 | 1.55 | 1.15 | 1.20 | 1.15 | 1.22 | 1.40 | 1.33 |

注：$X_{Mg}[X_{Mg}=Mg/(Mg+Fe)]$ 与 $X_{Fe}[X_{Fe}=(Fe+Al^{VI})/(Fe+Mg+Al^{VI})]$ 分别为 $Mg$ 和 $Fe$ 的摩尔分数（Ayati et al.，2008）；$OH=4-(Cl+F)$（Zhang et al.，2016）。

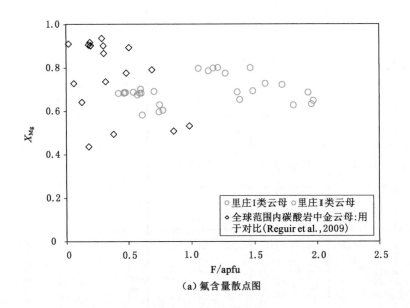

（a）氟含量散点图

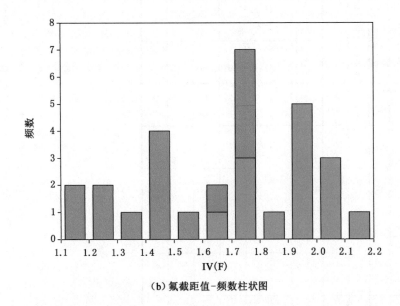

（b）氟截距值-频数柱状图

图 3-17　里庄矿床两类黑云母氟含量散点图及氟截距值-频数柱状图

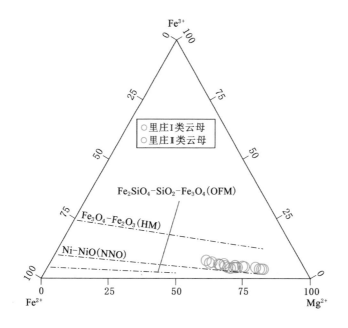

图 3-18　里庄矿床两类黑云母在 $Fe^{2+}$-$Fe^{3+}$-$Mg^{2+}$ 三元图上的氧逸度估算

(底图据 Wones et al.,1965)

### 3.3.3　指示意义

#### 3.3.3.1　晶体成分变化

与 Ⅱ 类黑云母相比,Ⅰ 类黑云母颗粒的 Si 含量相对较低[图 3-19(a)]。该类黑云母中 Si 含量减少的原因可以用 $Al^{IV}$ 的富集来合理解释,因为 Si 仅位于四面体位置,其中 $Al^{IV}$ 和 Si 的总量等于 8[图 3-19(b)]。Ⅰ 类黑云母相对于 Ⅱ 类黑云母应具有较高的钾含量,尽管两类黑云母在视觉上显示出该元素的显著重叠[图 3-19(a)]。这是由于 Ba 对 K 存在潜在替代作用,Ba 是 Ⅰ 类黑云母中的主要元素(可达 20 796 ppm;Shu et al.,2020b)。Ⅰ 类黑云母中 K 含量较高的另一个可能解释是,K 被黑云母大晶体形成之前的一个或多个矿物相"扼"住或与之共结晶,因为较早结晶的矿物相(如碱性长石和霓辉石)可容纳一定量的 K 含量(Reguir et al.,2009)。

值得注意的是,与 Ⅰ 类黑云母相比,Ⅱ 类黑云母的 Al 含量较低[图 3-19(c)]。这种元素被认为会转化为四面体位置中低于化学计量比的 Al 含量(1.35~2.05 apfu,表 3-3),缺铝现象与八面体位置中等尺寸阳离子的总量较低(Mg+Fe+Mn+$Al^{VI}$+Ti 的 5.24~5.71 apfu,表 3-3)相契合。两类黑云母的化学演化表明,

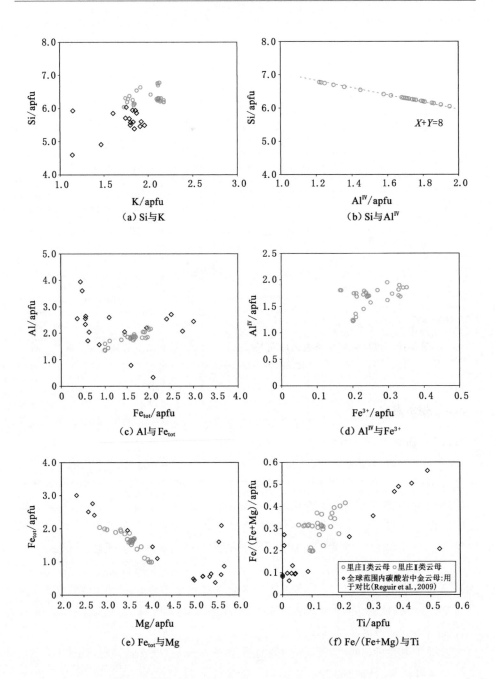

图 3-19　里庄矿床两类黑云母部分元素的相关性图解

$Al^{IV}$ 随 $Fe^{3+}$ 的增加而增加[图 3-19(d)],这表明在其形成过程中,$Fe^{3+}$ 对 $Al^{IV}$ 的替代可能不是太重要。两类黑云母中 Fe 和 Mg 之间都具有显著负相关性[图 3-19(e)],暗示了 $Fe^{2+}$ 对 Mg 的替代。与Ⅰ类黑云母相比,Ⅱ类黑云母的 Fe/(Fe＋Mg) 较低[图 3-19(f)]。含 Fe 矿物(如黄铁矿和磁铁矿)的沉淀在黑云母形成过程中结晶而消耗 Fe,可能是 Fe 含量降低的原因。尽管像 Ti 元素通常被认为是稳定而难以移动的,但本次数据表明,与Ⅰ类黑云母相比,Ⅱ类黑云母的 Ti 含量更为贫乏[图 3-19(f)]。基于 Robert(1976)提出的观点,从Ⅰ类到Ⅱ类黑云母中 Ti 含量的降低可能与热力学条件有关(颜色变浅,多色性逐渐减弱)。

### 3.3.3.2　成分趋势

Al-Mg-Fe 三元图解对比了里庄矿床两类黑云母与全球范围内其他碳酸岩杂岩体中黑云母的成分趋势[图 3-20(a)、(b)]。其中,Jacupiranga(Brod et al.,2001)和 Kaiserstuhl(Braunger et al.,2018)中的黑云母都被划分为金云母-铁叶云母(phlogopite-eastonite)和金云母-钡镁脆云母(kinoshitalite)的过渡系列[图 3-20(b)],而 Palabora 和 Kovdor 黑云母显示了从金云母到四铁金云母(phlogopite-tetraferriphlogopite)的连续演化。

与全球其他碳酸岩中的黑云母类似(Reguir et al.,2009),里庄黑云母显示出广泛的成分范围,如图 3-20(a)阴影区域所示。成分范围广泛表明里庄黑云母并未与单一化学性质的流体平衡,而是记录了成矿过程中流体条件的不断变化。与上述四个碳酸岩杂岩体不同,里庄矿床黑云母中表现出一种以前未被识别的成分演化趋势。这一趋势以朝着矿化方向演进、Mg 含量不断增加为特征[图 3-20(a)中的阴影箭头]。同样,这一趋势也反映在图 3-17(a)中,其中Ⅱ类黑云母的 F 含量显著高于全球碳酸岩中云母的 F 含量(Reguir et al.,2009),这与 Munoz(穆尼奥斯)提出的 Fe-F 回避原则一致,即高镁黑云母通常含有更多的 F。鉴于大多数第二代黑云母被鉴定为氟金云母,可将其称为氟金云母趋势,而其余碳酸岩杂岩中的黑云母中不存在这种类型的成分趋势[图 3-20(b)]。因此,氟金云母趋势可以作为碳酸岩相关稀土矿脉系统的诊断属性。

### 3.3.3.3　云母氟组分

通常,黑云母卤素化学可为评估岩浆或热液系统的卤素成分(Zhu et al.,1991,1992;Selby et al.,2000),以及区分无矿和成矿侵入岩体(Parsapoor et al.,2015;Tang et al.,2019)提供有用信息。在里庄矿床中,无论是Ⅰ类还是Ⅱ类黑云母,几乎都不含有电子探针可检测到的 Cl 组分(表 3-2、表 3-3)。黑云母中 Cl 含量的缺失与前人提出的观点一致,即黑云母中的卤素主要由 F 和 OH 占据,Cl 通常可忽略不计(Teiber et al.,2015;Giebel et al.,2019)。事实上,由于 F 和 OH 的离子半径相似,F 比其他半径更大的卤素离子更容易整合到含 OH

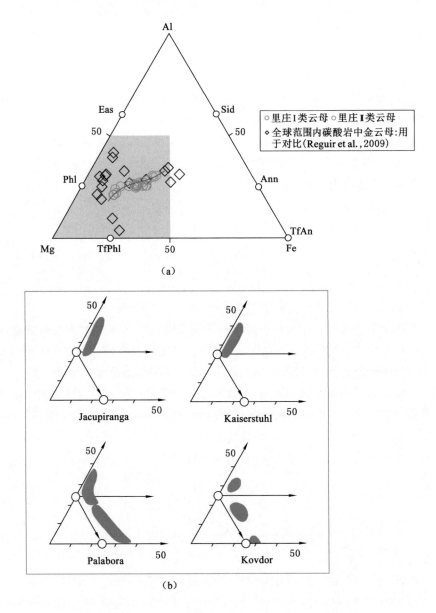

(a)

(b)

Ann—富羟铁云母;Eas—铁叶云母;Phl—金云母;Sid—铁叶云母;

TfAn—四铁铁云母;TfPhl—四铁金云母。

图 3-20　里庄矿床和其他碳酸岩杂岩体中黑云母的成分趋势对比

[底图据 Giebel et al.,2019,有修改。为了进行对比,图中还绘制了 Jacupiranga、Kaiserstuhl、

Palabora 和 Kovdor 碳酸岩杂岩体中黑云母的成分范围(红色区域可能还包括相关的磷铁矿)]

矿物中(Moshefi et al.,2018)。里庄黑云母的主量元素含量与其他地质背景下,如斑岩成矿系统(Parsapoor et al.,2015;Moshefi et al.,2018)黑云母接近,但倾向于更富 F 组分,这符合实验岩石学研究提出的 F(包括相关络合物)对碳酸岩相关地质环境中稀土矿化的发育具有重要作用这一论点(Li et al.,2017,2018)。黑云母 IV(F)值可用于直接比较不同 Mg/Fe 比率的黑云母中氟的相对富集程度,已有数据表明,IV(F)范围在里庄矿床两类云母中明显不同,其中 II 类黑云母的 IV(F)值比 I 类明显更低,即 II 类黑云母的 F 组分显著高于 I 类[图 3-17(b)]。从 I 类到 II 类黑云母 F 组分增加与野外观察结果一致,即从成矿系统早-晚期开始里庄矿床含 F 矿物(如萤石、氟金云母)不断增加。与氟碳铈矿共生的 II 类黑云母具有较高的 F 含量,这表明成矿流体中 F 组分的活性保持在较高的水平。最近的理论和实验研究均表明,尽管氟化物可以与稀土元素形成很强的络合物,但 $H^+$ 和 $F^-$ 组成的 $HF°$ 的强缔合性以及 REE-F 固体的低溶解度会将 $F^-$ 活性缓冲到较低的水平,并极大限制稀土元素以氟化物络合物形式的传输(Migdisov et al.,2014)。因此,同稀土元素的运移相比,F 组分更倾向于促进稀土的沉淀,这也就是大量含氟矿物(如萤石、氟金云母)与氟碳铈矿密切共生的原因。

上述分析表明,黑云母中的 F 含量有助于确定与碳酸岩-正长岩杂岩体相关的氟碳铈矿的存在。也就是说,氟黑云母可被视为一个稀土常规勘查的指示矿物。当然,黑云母遭受热液蚀变可能导致结论混淆或错误,因此,在使用黑云母追踪稀土矿化系统之前应该进行精细的岩相学研究。

### 3.3.3.4　对稀土矿化的暗示

如果仅从黑云母成分上约束成矿系统的物理化学条件,可以确定里庄矿床形成的两个主要阶段。在第一阶段(碱性硅酸盐矿物结晶),上升的碳酸岩-正长岩岩浆经历挥发性超压(可能是由于减压)并产生正岩浆流体,拓宽了现有的裂隙系统(Hou et al.,2015;Liu et al.,2017)。流体沿着裂隙通道,在一定的物理化学条件下,生成碱性长石、霓辉石和 I 类黑云母的矿物组合。这些矿物(如含 Fe 丰富的 I 类黑云母)要么缺乏 Mg[图 3-16(d)],要么氟含量相对较低[图 3-17(b)]。在第二阶段(脉石及稀土矿物沉淀),I 类黑云母让位于更富 Mg-F 的 II 类黑云母。II 类黑云母中的稀土含量极低,这是因为黑云母的稀土结构能力较差。

迄今为止,尚无被广泛接受的计算公式来确定碳酸岩相关地质环境中形成的黑云母的精确结晶温度。尽管如此,从 I 类到 II 类黑云母一个简单的自然冷却过程被识别,原因如下:① 两类黑云母的 $TiO_2$ 含量范围连续分布而非突变式跳跃[图 3-16(b)],这往往是渐进式冷却导致的(Robert,1976);② 黑云母中

$X_{Mg}$ 和 $FeO_{tot}$ 之间的关系是一个与流体成分、温度和压力相关的函数,里庄矿床两类黑云母的成分数据都表明了这一点[图 3-16(d)],即在相同的物理化学条件下形成的黑云母产生相同的成分趋势(Moshefi et al.,2018);③ 实验研究表明,黑云母中的 F 含量随温度的降低而增加,这与晶液比的增加有关,且不受压力的明显影响(Edgar et al.,1985)。结合岩石的蚀变特征(图 3-2),冷却可能是由与外部流体的混合驱动的,这也得到了 H-O 同位素数据的支持。基于前人实验研究结果:稀土矿物的溶解度随着温度的降低而显著降低(Migdisov et al.,2009;Trofanenko et al.,2016),提出降温是里庄矿床稀土矿脉发育的主要原因。

黑云母成分数据也可用于评估氧逸度在稀土矿化中的重要性。在不考虑其他条件的情况下,与Ⅰ类黑云母相比,Ⅱ类黑云母在氧化程度略高的环境中结晶:① $Fe^{3+}/Fe^{2+}$ 的比值通常随氧逸度的增加而增加,从而使进入黑云母晶体结构部位与 Mg 竞争的 $Fe^{2+}$ 减少。因此,随着氧逸度的增加,黑云母的 $X_{Mg}$ 呈现出增加的趋势。② 具有相似化学成分的黑云母若在较低温度下结晶,则具有较高的氧逸度。因此,Ⅱ类黑云母的较低结晶温度指示了较高的氧逸度。然而,图 3-17 所示的两类黑云母氧逸度的相似性和分布范围的狭窄性表明,氧逸度在这些黑云母的结晶过程中相对比较稳定,两类黑云母在大致相似的氧化还原条件下形成。有趣的是,南非 Palabora 碳酸岩杂岩体的金云母中也报告了类似情况(Giebel et al.,2019)。因此,氧逸度不能单独作为识别稀土矿化发育的参数。至少可以说,氧逸度的轻微变化并不是导致稀土矿化的主要机制或根本原因。

# 3.4 流体包裹体

## 3.4.1 样品采集

用于成矿流体分析的样品采集自里庄矿床典型的稀土矿脉,这些样品被送到河北省区域地质矿产调查研究所制备了超过 60 件光薄片以备进行岩相学观察,从中选出 35 件具有代表性的薄片用于后续的显微测温和激光拉曼光谱分析。为了确定初始成矿流体的成分,采集自同一矿脉的单矿物样品用于约束流体成分的离子色谱分析,矿脉中的石英样品用于 H-O 稳定同位素分析。

## 3.4.2 包裹体岩相学

基于室温下相的特征和加热-冷却过程中的相变,在里庄矿床确定了四种不同类型的流体包裹体,即气-液两相包裹体(LV 型)、含 $CO_2$ 包裹体(LC 型)、含子晶包裹体(LVS 型)和既含子晶又含 $CO_2$ 包裹体(LCS 型)。在本分类体系中,字母 L、V、S 和 C 分别代表液相、气相、固相和 $CO_2$ 相。

绝大多数 LV 型包裹体在室温下通常表现出两种可见相态(液态 $H_2O$+气态 $H_2O$)[图 3-21(a)],气相/(气相+液相)比率在 10%~40%之间。这些包裹体形状多呈椭圆形,大小为 4~36 $\mu m$。在氟碳铈矿中,它们大多数密集分散或成群出现,因此多被确定为是原生包裹体[图 3-21(a)、(b)]。前 REE 阶段的萤石、石英和方解石中也存在少量 LV 型包裹体。石英中的原生 LV 型包裹体通常很小,而一些包裹体沿着愈合的裂缝以次生的形式出现,但其数量有限。

LC 型包裹体在室温下由两相(液态 $H_2O$+液态 $CO_2$)或三相(液态 $H_2O$+液态 $CO_2$+气态 $CO_2$)组成[图 3-21(d)],其中含碳相(液态 $CO_2$+气态 $CO_2$)占总体积的 20%~90%。它们一般为圆形、椭圆形或负晶形,长轴为 6~33 $\mu m$。这些包裹体广泛存在于前 REE 阶段矿物中,少量见于氟碳铈矿。在前 REE 阶段的萤石中,含可变 $CO_2$ 体积分数的 LC 型包裹体主要以团簇形式出现,并分散在整个矿物样品中[图 3-21(h)]。

含有一种或几种子晶、液态 $H_2O$ 和气态 $H_2O$ 的 LVS 型包裹体呈椭圆形或负晶形,长轴直径为 7~35 $\mu m$[图 3-21(f)]。它们主要出现于前 REE 阶段的萤石中,但在石英的矿物核心中也很常见。一些 LVS 型包裹体含有一个子晶,而另一些则含有几个占包裹体体积 70%以上的子晶,部分子晶在包裹体加热过程中并不熔化。在某些情况下,子晶可能占据包裹体体积的小部分,或延伸到流体包裹体之外。

LCS 型包裹体通常由一个或多个子晶、含碳相和水相组成[图 3-21(g)],其中气泡通常占包裹体体积的 20%~50%。它们呈椭圆状、细长状或负晶形,大小为 5~45 $\mu m$。在前 REE 阶段观察到的这种包裹体类型在空间上与 LC 型包裹体密切相关,它们通常出现在同一团簇中[图 3-21(c)]。一些 LCS 型包裹体以原生包裹体的形式存在于萤石中,但不超过包裹体总数的 50%。

### 3.4.3 包裹体显微测温

基于 Roedder(勒德)于 1984 年提出的标准,仅选择原生包裹体进行显微测温分析。表 3-4 总结了流体包裹体显微测温结果,并绘制了均一温度和盐度的柱状图(图 3-22)以及散点图(图 3-23)。

前 REE 阶段:对 LV 型包裹体的显微测温约束了 4.2%~18.6% $NaCl_{equiv}$ 的盐度范围,冰点范围为-12.0~-3.2 ℃。在 252~370 ℃的温度范围下观察到该类包裹体的完全均一,有两种不同的完全均一模式(大部分完全均一到液相,少部

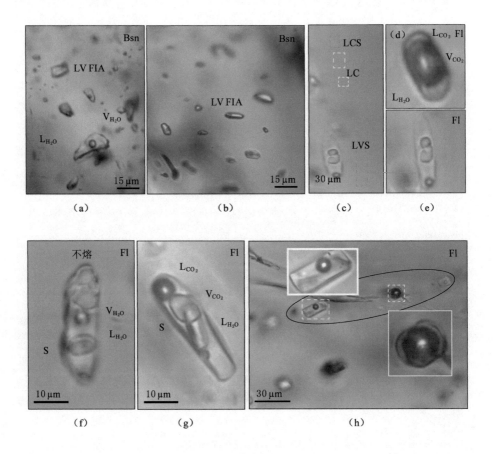

Fl—萤石;Bsn—氟碳铈矿;V—气相(Vapor);L—液相(Liquid);S—固相(Solid);FIA—流体包裹体组合。

图 3-21　里庄矿床不同流体包裹体的显微照片

分均一为气相)。LC 型包裹体固态 $CO_2$ 在 $-61.3 \sim -58.4$ ℃之间熔化,大多数介于 $-60.3 \sim -58.7$ ℃之间,固态 $CO_2$ 熔化温度低于纯 $CO_2$ 三相点($-56.6$ ℃)指示了除 $CO_2$ 外少量其他气体的存在。$CO_2$ 笼合物的消失温度范围为 $-0.8 \sim 6.4$ ℃,据此计算的盐度范围为 $6.8\% \sim 16.3\% NaCl_{equiv}$。所有 LC 型包裹体的部分均一温度范围为 $20.2 \sim 30.3$ ℃,完全均一温度范围为 $247 \sim 384$ ℃。在 $275 \sim 368$ ℃的温度范围下观察到 LVS 型包裹体的气-液均一,在 $204 \sim 380$ ℃的温度下发生子晶的熔化,对应于 $32.1\% \sim 45.3\% NaCl_{equiv}$ 的盐度。对于 LCS 型包裹体,固体 $CO_2$ 在 $-60.9 \sim -59.8$ ℃的温度范围下熔化,$CO_2$ 笼合物的消失温度在 $1.2 \sim 4.8$ ℃之间,这些包裹体中的气-液均一发生在 $282 \sim 359$ ℃的温度下,子晶消失温度范

表 3-4　里庄矿床流体包裹体显微测温数据

| 矿物 | 包裹体简图 | 包裹体类型 | 测试数量 | $CO_2$/% | $T_{m,CO_2}$/℃ | $T_{m,cla}$/℃ | $T_{h,CO_2}$/℃ | $T_{m,s}$/℃ | $T_{h,tot}$/℃ | $T_{m,ice}$/℃ | 盐度/% |
|---|---|---|---|---|---|---|---|---|---|---|---|
| 荧石 1 | | LV | 10 | | | | | | 254~337(L,V) | −10.3~−4.5 | 7.2~14.3 |
| 荧石 2 | | LC | 6 | 20~70 | −61.2~−60.1 | 0.5~5.4 | 21.1~26.3 | | 247~343(L,V) | | 8.5~15.0 |
| | | LV | 8 | | | | | | 265~323(L) | −9.6~−5.8 | 8.9~13.6 |
| | | LC | 4 | 40~50 | −60.3~−58.4 | 2.0~5.3 | 22.2~25.4 | | 275~304(L) | | 8.6~13.3 |
| 荧石 3 | | LV | 7 | | | | | | 279~370(L) | −10.2~−5.7 | 8.8~14.2 |
| | | LC | 11 | 20~90 | −60.5~−58.8 | 1.9~4.7 | 23.9~30.3 | | 280~384(L,V) | | 9.4~13.3 |
| | | LVS | 11 | | | | | 204~326 | 275~360(L,V) | | 32.1~40.3 |
| 石英 1 | | LCS | 6 | 20~50 | −60.9~−59.8 | 1.2~4.8 | 24.4~30.6 | 280~322 | 282~359(L) | | 36.4~39.9 |
| | | LV | 10 | | | | | | 275~348(L,V) | −12.5~−5.2 | 8.1~16.5 |
| | | LC | 14 | 20~70 | −60.7~−60.1 | −0.4~4.8 | 21.3~26.9 | | 306~371(L,V) | | 9.4~15.9 |
| | | LVS | 14 | | | | | 259~371 | 282~368(L,V) | | 35.3~44.4 |
| 石英 2 | | LV | 11 | | | | | | 317~364(L) | −14.8~−3.2 | 5.3~18.6 |
| | | LC | 11 | 20~60 | −61.3~−60.6 | −0.8~5.1 | 20.2~28.9 | | 292~362(L,V) | | 8.9~16.3 |
| | | LVS | 13 | | | | | 301~380 | 288~357(L,V) | | 38.2~45.3 |

前 REE 阶段

表 3-4（续）

| 矿物 | 包裹体简图 | 包裹体类型 | 测试数量 | CO₂/% | $T_{m,CO_2}$/°C | $T_{m,cla}$/°C | $T_{h,CO_2}$/°C | $T_{m,s}$/°C | $T_{h,tot}$/°C | $T_{m,ice}$/°C | 盐度/% |
|---|---|---|---|---|---|---|---|---|---|---|---|
| 方解石 1 | | LV | 9 | | | | | | 252~321(L) | −12.0~−2.5 | 4.2~16.0 |
| | | LC | 10 | 30~60 | −61.2~−60.5 | 0.3~6.4 | 23.1~26.8 | | 275~340(L) | | 6.8~15.2 |
| REE 阶段 | | | | | | | | | | | |
| 氟碳铈矿 1 | | LV | 12 | | | | | | 190~282(L) | −9.9~−0.5 | 0.9~13.9 |
| | | LVS | 4 | | | | | 233~262 | 254~315(L) | | 33.7~35.5 |
| | | LV | 11 | | | | | | 219~262(L) | −8.3~−1.7 | 2.9~12.1 |
| 氟碳铈矿 2 | | LC | 3 | 20~30 | −59.6~−57.9 | −0.2~3.1 | 20.6~24.2 | | 230~258(L) | | 11.8~15.7 |
| | | LVS | 4 | | | | | 222~290 | 229~279(L) | | 33.0~37.4 |
| 氟碳铈矿 3 | | LV | 14 | | | | | | 177~269(L) | −10.4~−0.4 | 0.7~14.4 |
| 氟碳铈矿 4 | | LV | 18 | | | | | | 182~298(L) | −8.9~−1.2 | 2.1~12.7 |
| | | LC | 3 | 20~30 | −58.5~−58.1 | 3.8~4.7 | 25.9~28.7 | | 233~247(L) | | 9.4~10.7 |

注:CO₂/%—CO₂ 相的体积分数;$T_{m,CO_2}$—固态 CO₂ 消失温度;$T_{m,cla}$—CO₂ 笼合物消失温度;$T_{h,CO_2}$—CO₂ 相部分均一温度;$T_{m,s}$—固相消失温度;$T_{m,ice}$—冰点;V:均一至气相;L:均一至液相;$T_{h,tot}$—完全均一温度及均一方式。萤石 1,2,石英 1,2 和氟碳铈矿 1,2,3 的测温结果据李德良(2019)。

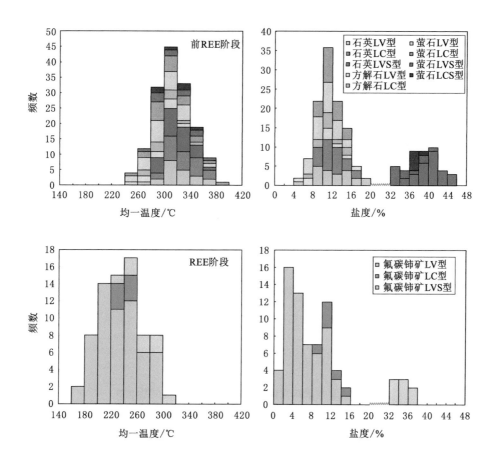

图 3-22　里庄矿床流体包裹体均一温度和盐度柱状图

围为 280~322 ℃,计算的盐度范围为 36.4%~39.9%NaCl$_{equiv}$。

REE 阶段:氟碳铈矿中所有测试的 LV 型包裹体显示一致的均一模式,即均一为液相,完全均一温度范围为 177~298 ℃。基于−10.4~−0.4 ℃ 的冰点温度计算的盐度范围为 0.7%~14.4%NaCl$_{equiv}$。LC 型包裹体在 REE 阶段相对少见,6 个此类包裹体给出的完全均一范围为 230~258 ℃。这些包裹体的 $CO_2$ 笼合物熔化温度为−0.2~4.7 ℃,对应于 9.4%~15.7%NaCl$_{equiv}$ 盐度范围。8 个 LVS 型包裹体在气相消失之前表现出子晶熔化的均一行为,并得到 229~315 ℃ 的气-液均一温度。这些包裹体中的子晶消失发生在 222~290 ℃ 之间,计算的盐度范围为 33.0%~37.4%NaCl$_{equiv}$。

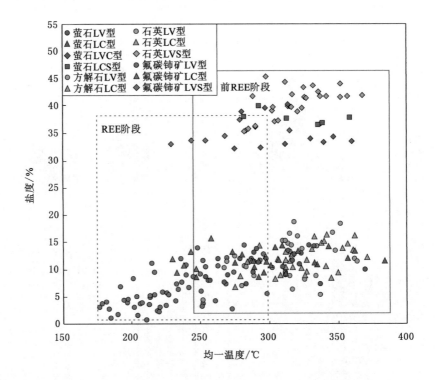

图 3-23　里庄矿床流体包裹体均一温度和盐度散点图

### 3.4.4　拉曼光谱和离子色谱

　　试图分析萤石中 LC 型包裹体的含碳相是困难的,因为萤石所具有的强烈荧光效应掩盖了 $CO_2$ 拉曼峰。因此,本书选择石英中的含 $CO_2$ 包裹体进行拉曼光谱分析。图 3-24(a)中的 $CO_2$ 拉曼峰显示,LC 型包裹体的气泡主要由 $CO_2$ 控制。相反,氟碳铈矿所含 LV 型包裹体中的气相中不存在 $CO_2$[图 3-24(c)、(d)]。此外,图 3-24(a)~(c)所示的拉曼光谱显示 $SO_4^{2-}$ 是石英和氟碳铈矿中流体的重要阴离子。

　　离子色谱分析结果见表 3-5,表明流体中存在的离子包括 $SO_4^{2-}$、$Cl^-$、$F^-$、$Na^+$ 和 $K^+$。$Na^+/K^+$ 和 $Cl^-/SO_4^{2-}$ 的摩尔比分别介于 $5.47\sim9.15$ 和 $0.44\sim1.16$ 之间,流体的 $Na^+/K^+$ 摩尔比($5.47\sim9.15$)相对较高,$Cl^-/SO_4^{2-}$ 摩尔比($0.44\sim1.16$)较低。$CO_3^{2-}$ 和 $HCO_3^-$ 未进行分析,特别是 $REE^{3+}$ 没有被测试。

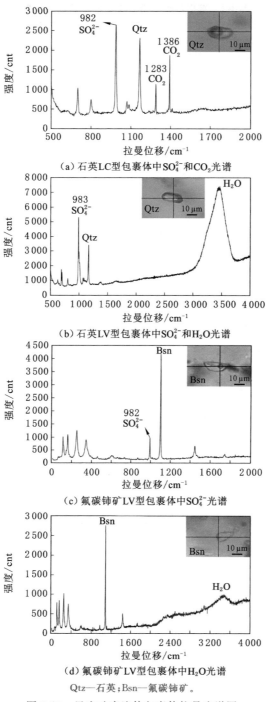

（a）石英LC型包裹体中$SO_4^{2-}$和$CO_2$光谱

（b）石英LV型包裹体中$SO_4^{2-}$和$H_2O$光谱

（c）氟碳铈矿LV型包裹体中$SO_4^{2-}$光谱

（d）氟碳铈矿LV型包裹体中$H_2O$光谱

Qtz—石英；Bsn—氟碳铈矿。

图 3-24　里庄矿床流体包裹体拉曼光谱图

### 表 3-5　里庄和大陆槽矿床离子色谱成分结果

| 样品编号 | 野外性质 | 离子成分/($\mu$g/g) | | | | | | 摩尔比 | |
| --- | --- | --- | --- | --- | --- | --- | --- | --- | --- |
| | | $SO_4^{2-}$ | $Cl^-$ | $F^-$ | $Na^+$ | $K^+$ | $Ca^{2+}$ | $Na^+/K^+$ | $Cl^-/SO_4^{2-}$ |
| 里庄流体成分 | | | | | | | | | |
| LZ13-3 | 方解石 | 20.7 | 3.38 | 1.80 | 4.87 | 1.51 | N.O. | 5.47 | 0.44 |
| LZ130-3 | 萤石 | 41.4 | 9.45 | N.O. | 15.0 | 2.78 | N.O. | 9.15 | 0.62 |
| LZ130-4 | 萤石 | 6.00 | 2.58 | N.O. | 2.46 | 0.63 | N.O. | 6.62 | 1.16 |
| 大陆槽流体成分 | | | | | | | | | |
| DLC13-1-15-3 | 萤石 | 15.9 | 0.19 | N.O. | 0.28 | N.O. | N.O. | N.O. | 0.03 |
| DLC11-28-2 | 萤石 | 3.90 | 0.38 | N.O. | 0.60 | 0.21 | N.O. | 4.84 | 0.26 |
| DLC13-1-15-2 | 重晶石 | 2.53 | 1.18 | 3.90 | 0.70 | 0.27 | 1.39 | 4.40 | 1.27 |
| 牦牛坪流体成分（据 Zheng et al.，2019） | | | | | | | | | |
| MNP168-8-1 | 钠铁闪石 | 6.00 | 2.92 | 8.58 | 11.7 | 1.30 | 0.58 | 15.3 | 1.32 |
| MNP168-8-1 | 钠铁闪石 | 5.52 | 0.63 | 1.11 | 7.74 | N.O. | 0.29 | N.O. | 0.31 |
| MNP168-1-2 | 萤石 | 1.50 | 0.76 | N.O. | 0.71 | 0.06 | N.O. | 20.1 | 1.38 |
| MNP168-6-1 | 萤石 | 1.50 | 0.61 | N.O. | 1.18 | 0.38 | N.O. | 5.29 | 1.10 |
| MNP168-6-2 | 萤石 | N.O. | 0.08 | N.O. | 0.13 | N.O. | N.O. | N.O. | N.O. |
| MNP168-6-3 | 萤石 | 3.15 | 0.91 | N.O. | 1.68 | 0.57 | N.O. | 5.02 | 0.79 |
| MNP168-4-1 | 氟碳铈矿 | 16.6 | 9.78 | 1.20 | 12.8 | 2.89 | 1.06 | 7.49 | 1.60 |
| MNP168-4-2 | 氟碳铈矿 | 25.6 | 8.85 | 1.94 | 16.5 | 4.35 | 2.45 | 6.43 | 0.94 |
| MNP168-4-3 | 氟碳铈矿 | 8.22 | 6.00 | 1.94 | 6.66 | 1.56 | 1.73 | 7.25 | 2.01 |
| 加拿大 Strange Lake 流体成分（据 Vasyukova et al.，2018） | | | | | | | | | |
| Sample 2 | 石英脉 | 343 | 7 992 | 377 | 8 241 | 186 | 556 | 75.1 | 63.4 |
| Sample 7 | 强蚀变伟晶岩 | 196 | 6 082 | 51.0 | 2 771 | 82.0 | 530 | 57.3 | 84.4 |
| Sample 11 | 强蚀变伟晶岩 | 306 | 5 096 | 510 | 5 240 | 273 | 2 434 | 32.5 | 45.3 |
| Sample 13 | 弱蚀变伟晶岩 | 390 | 5 205 | 137 | 3 138 | 155 | 158 | 34.3 | 36.3 |
| Sample 16 | 未蚀变伟晶岩 | 209 | 3 887 | 179 | 2 385 | 151 | 101 | 26.8 | 50.6 |

注：N.O.—该数据未获得（Not Obtained）；测试结果中阴阳离子不平衡是由于某些阳离子（尤其是 $REE^{3+}$）未检测。

## 3.4.5　流体来源

表 3-6 给出了石英矿物的 H-O 同位素组成，包括以前文献报道的数据（Hou et al.，2009；Liu et al.，2017），并援引牦牛坪和木落寨矿床的石英同位素数据作为对比。基于石英中原生流体包裹体测温所获得的平均温度，通过水-石英平衡反应：$1\,000\ln \alpha_{\text{水-石英}} = 3.38 \times 10^6 \times T^{-2} - 3.40$（Clayton et al.，1972）计算 $\delta^{18}O_{\text{流体}}$ 值。矿脉中 5 个石英样品计算的 $\delta^{18}O_{\text{流体}}$ 值范围为 0.3‰～3.8‰，

$\delta D_{V\text{-}SMOW}$ 值范围为 $-86.9‰\sim-62.7‰$。

**表 3-6　里庄和大陆槽矿床石英中 H-O 同位素组成(牦牛坪和木落寨矿床作为对比)**

| 样品编号 | 测试矿物 | 近似计算温度 | $\delta^{18}O_{V\text{-}SMOW}$/‰ | $\delta^{18}O_{流体}$/‰ | $\delta D_{V\text{-}SMOW}$/‰ | 数据来源 |
|---|---|---|---|---|---|---|
| 里庄矿床 | | | | | | |
| LZ18-04 | 石英 | 300 | 9.8 | 2.9 | −73.9 | 本书 |
| LZ18-06 | 石英 | 300 | 10.7 | 3.8 | −62.7 | 本书 |
| LZ13-2-2 | 石英 | 330 | 6.4 | 0.3 | −86.9 | Liu 等(2017) |
| LZ-13 | 石英 | 300 | 10.7 | 3.8 | −77.0 | Hou 等(2009) |
| LZ-14 | 石英 | 300 | 9.9 | 3.0 | −82.0 | Hou 等(2009) |
| 大陆槽矿床 | | | | | | |
| DLC185-01 | 石英 | 300 | 8.3 | 1.4 | −79.6 | 本书 |
| DLC185-02 | 石英 | 300 | 8.5 | 1.6 | −80.2 | 本书 |
| DLC185-04 | 石英 | 300 | 8.2 | 1.3 | −71.0 | 本书 |
| DL13-1-6Qz | 晚期石英 | 215 | 5.8 | −5.0 | −92.8 | Liu 等(2015b) |
| DL11-28Qz | 晚期石英 | 215 | 3.0 | −7.5 | −88.4 | Liu 等(2015b) |
| DL11-33Qz | 晚期石英 | 215 | 5.5 | −5.3 | −105.1 | Liu 等(2015b) |
| 牦牛坪矿床 | | | | | | |
| MNP11-1-1 | 石英 | 330 | 10.4 | 4.8 | −82.2 | Liu 等(2017) |
| MNP13-2-4 | 石英 | 330 | 12.4 | 6.8 | −71.1 | Liu 等(2017) |
| MNP13-1-4-2 | 石英 | 330 | 11.2 | 5.6 | −71.2 | Liu 等(2017) |
| MNP13-1-2 | 石英 | 330 | 12.1 | 6.5 | −73.8 | Liu 等(2017) |
| MNP13-1-4 | 石英 | 330 | 10.3 | 4.7 | −70.0 | Liu 等(2017) |
| MNP13-1-4(2) | 石英 | 330 | 10.2 | 4.6 | −73.2 | Liu 等(2017) |
| MNP13-2-4(2) | 石英 | 330 | 10.1 | 4.5 | −78.5 | Liu 等(2017) |
| MNP13-2-4(3) | 石英 | 330 | 12.3 | 6.7 | −88.8 | Liu 等(2017) |
| MNP11-1-3 | 石英 | 330 | 12.3 | 6.7 | −72.4 | Liu 等(2017) |
| MNP11-1-1-2 | 石英 | 330 | 9.4 | 3.3 | −78.6 | Liu 等(2017) |
| MNP13-1-4 | 石英 | 330 | 9.9 | 3.8 | −80.8 | Liu 等(2017) |
| 木落寨矿床 | | | | | | |
| PM2-L2-06-06-4 | 石英 | 350 | 7.2 | 1.9 | −96.5 | 郑旭 等(2019) |
| PM2-L2-06-06-5 | 石英 | 350 | 6.2 | 0.9 | −74.0 | 郑旭 等(2019) |

表 3-6(续)

| 样品编号 | 测试矿物 | 近似计算温度 | $\delta^{18}O_{V\text{-}SMOW}$ /‰ | $\delta^{18}O_{流体}$ /‰ | $\delta D_{V\text{-}SMOW}$ /‰ | 数据来源 |
|---|---|---|---|---|---|---|
| DLS18401-4-1 | 石英 | 350 | 10.1 | 4.8 | −57.3 | 郑旭等(2019) |
| DLS18401-4-2 | 石英 | 350 | 10.4 | 5.1 | −58.5 | 郑旭等(2019) |
| ZJLZ18402-4-1 | 石英 | 350 | 11.5 | 6.2 | −50.1 | 郑旭等(2019) |
| ZJLZ18402-4-2 | 石英 | 350 | 11.7 | 6.4 | −53.7 | 郑旭等(2019) |

注:计算温度为所测试矿物中包裹体的近似平均温度;$\delta^{18}O_{流体}$ 根据 Clayton 等(1972)提出的石英-水体系氧同位素分馏方程计算。

里庄石英样品给出的 $\delta^{18}O_{流体}$(0.3‰~3.8‰)和 $\delta D_{V\text{-}SMOW}$(86.9‰~−62.7‰)值,与川西冕宁-德昌稀土矿带其他稀土矿床中报道的同位素值相似,如牦牛坪和木落寨。图 3-25 显示,成矿流体的 H-O 同位素值投点在原生岩浆水和大气水线之间的区域,但仍以岩浆水为主。考虑到流体包裹体均一温度(为最低捕获温度)可能低估了 $\delta^{18}O_{流体}$ 值,大气降水与岩浆流体的混合程度较预期的要低。这意味着里庄矿床的初始成矿流体具有岩浆特征,并在热液活动期间逐渐混入了大气降水。

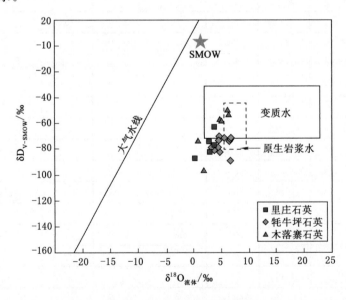

图 3-25　里庄矿床石英 H-O 同位素图解

(部分里庄石英数据引自 Hou et al.,2009 和 Liu et al.,2017;
牦牛坪石英数据引自 Liu et al.,2017,木落寨石英数据引自郑旭等,2019)

部分里庄石英数据引自 Hou 等(2009)和 Liu 等(2017)的研究结果,牦牛坪石英数据引自 Liu 等(2017),木落寨石英数据引自郑旭等(2019)。原生岩浆水、变质水和大气水线据 Taylor(1974)的研究,SMOW 为标准平均海洋水。

### 3.4.6　流体演化

一般来说,碳酸岩岩浆在应力松弛期间会释放高氧化、高流动性且富含稀土元素的流体。初始流体由于具有相对较高的温度及较高的碱金属($Na^+$、$K^+$ 等)浓度(Le Bas,2008),在上涌过程中与围岩相互作用而使里庄矿区发生霓长岩化蚀变作用。热液系统的进一步演化以矿脉的形成为标志。流体包裹体数据表明,前 REE 阶段的流体具有中-高温(247~384 ℃)和中-高盐度(4.2%~45.3%$NaCl_{equiv}$)的特征(表 3-4)。萤石、石英和方解石中流体包裹体的均一温度和盐度非常接近(图 3-22、图 3-23),表明这些矿物是几乎同时沉淀的。这一观点与野外观察一致,即萤石、方解石和重晶石通常出现在矿脉中,并与石英密切共生(图 3-6)。

在讨论 P-T-X 演化之前,首先需对流体不混溶作用进行探讨。一些具有连续变化 $CO_2$ 体积分数的含 $CO_2$ 包裹体在前 REE 阶段的萤石中呈原生团簇状[图 3-21(h)],因此被解释为非均一捕获。大多数非均一捕获的含 $CO_2$ 包裹体在 300~340 ℃ 的范围内表现出相似的均一温度。此外,一些 LCS 型包裹体在空间上与 LC 型包裹体共存的岩相学特征[图 3-21(c)]进一步支持了不混溶作用的发生。根据 Diamond(戴蒙德)于 1994 年的研究,如果流体包裹体是在不混溶两相区形成的,则捕获压力可以从截留在溶质附近的端元包裹体近似估算得出。因此,选择这些不混溶的 LC 型包合物,利用其端元包裹体的低和高 $X_{CO_2}$ 值估算捕集压力,并使用 Flincor 程序(Brown,1989)和 Bowers 等(1983)提出的方程式计算等容线,包裹体形成的压力-温度条件沿包裹体等容线确定的路径下降。图 3-26(a)显示了前 REE 阶段捕获的这些不混溶 LC 型包裹体的等容线,在 300~340 ℃ 的温度范围内估算的捕获压力为 950~1 550 bar。

氟碳铈矿中含有大量的 LV 型包裹体,气泡体积分数大致恒定[图 3-21(a)、(b)],表明沉淀氟碳铈矿的流体相对均一。这些 LV 包裹体在温度(177~298 ℃)和盐度(0.7%~14.4%$NaCl_{equiv}$)方面提供了直观信息,指示了与萤石、石英和方解石沉淀阶段截然不同的流体化学性质。图 3-26(b)显示了气-液两相包裹体的低压分布,其中二维相图基于简单的 $NaCl-H_2O$ 体系(Driesner et al.,2007)。尽管如此,必须强调的是,在氟碳铈矿中观察到少量高盐度和含 $CO_2$ 包裹体的存在(表 3-4)。然而,氟碳铈矿不混溶或沸腾包裹体组合的缺失表明了这些高盐度和含 $CO_2$ 包裹体仅仅是继承了前 REE 阶段流体的残余。通常,$CO_2$ 逸出导致的流体不混溶作用会导致残余液体的盐度升高。由上述解释产生的一个问题是,如果不混溶作用使溶液更咸,为什么氟碳铈矿中存在大量低盐度气-液两相包裹体。流体包裹体的均一温度与盐度呈近似线性关系(图 3-23),指示了外部流体大量混入的稀释趋势。因此,随着流体不混溶作用的结束,大部分 $CO_2$ 逃逸,大量大气降水的混入会产生低盐度的流体。这一推断也得到了里庄石英 H-O 同位素的支持(图 3-25)。

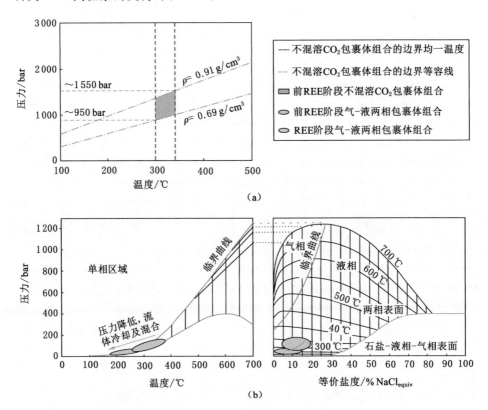

图 3-26　里庄矿床流体包裹体温度-压力条件估计

[等容线计算根据 Flincor 程序(Brown, 1989)和 Bowers 等(1983)提出的公式;

NaCl-$H_2O$ 相图据 Driesner et al. ,2007]

# 第4章　大陆槽典型矿床研究

大陆槽矿床作为川西冕宁-德昌稀土矿带南部唯一的稀土矿床,成岩成矿时代(约 12 Ma)明显晚于矿带北部的里庄矿床,可作为研究青藏高原东缘新生代时期第二期碳酸岩型稀土成矿作用的窗口。

## 4.1　矿床地质

### 4.1.1　概况

大陆槽矿床(图 4-1)是川西冕宁-德昌稀土矿带的第二大稀土矿床,是四川省地质矿产局 109 地质队于 1994 年 4 月所发现的(施泽民 等,1995;李小渝,2005),地理上位于四川省凉山州德昌县县城南西约 225°方向、水平距离约 32 km 处,在行政上隶属于德昌县大陆乡[图 4-2(a)],因此曾经也被称作大陆乡矿床(Xu et al.,2008)。成昆铁路、国道 108 公路干线等交通动脉跨越德昌县境内。此外,随着我国经济社会的发展和乡村公路的大规模修建,目前已有县城至大陆槽矿区的矿山公路。大陆槽矿床是继四川省地质矿产局 109 地质队于 1986 年发现牦牛坪超大型稀土矿床之后(袁忠信,1995),在攀西地区的又一重大勘探发现,这使得该地区成为我国堪与白云鄂博和华南相提并论的三大轻稀土生产基地之一(范宏瑞 等,2020)。该矿床属于单一氟碳铈矿(主要的稀土矿物)型稀土矿床,矿石易于开采选冶,有害杂质含量较低,具有较大的工业意义(杨光明 等,1998)。

矿床位于南北向和北东向构造的复合部位,多组断裂系统(如大陆乡断裂、普威断裂、张门闸断裂和南木河断裂等)集中交汇于矿区(李小渝,2005),其中大陆乡断裂是控制矿区的主要断裂构造(侯增谦 等,2008)。受大陆乡断裂的影响,矿区内产生多组南西-北东向的次级断裂(图 4-1),控制着矿体的空间展布。矿区面积约 1.8 km²,已有 20 多个矿体(或脉)被圈定,一号矿体[图 4-2(b)]和三号矿体[图 4-2(c)、(d)]是最具有工业意义的主矿体,矿体多呈大透镜体状、筒状、脉状或不规则脉状。

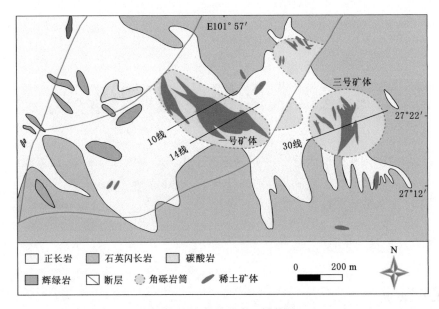

图 4-1　大陆槽矿床地质简图

（据杨光明等，1998，有修改）

（a）大陆槽矿床所在自然村远景图　　　　（b）一号矿体远景图

（c）三号矿体局部视角　　　　（d）三号矿体远景图

图 4-2　大陆槽矿床野外宏观照片

一号和三号矿体由发育于正长岩中的两个角砾岩筒严格控制(图 4-1),角砾岩筒短轴直径约为 $180\sim200$ m,长轴直径约为 $200\sim400$ m,且向下垂直延伸超过 400 m(侯增谦 等,2008;田世洪 等,2008),而两个角砾岩筒之间由于受矿区断裂系统的错动而发生位移。其中,一号矿体呈北西-南东走向,矿体出露宽度约 $80\sim180$ m,厚约 $55\sim175$ m;而三号矿体走向近南北,矿体出露宽度约 $26\sim100$ m,厚度明显低于一号矿体,约为 $15\sim65$ m(杨光明 等,1998)。矿体主要由大脉体、两侧细脉、网状脉及围岩组成,矿脉沿着围岩方向逐渐过渡为矿化角砾或者角砾状矿石(侯增谦 等,2008;Liu et al. ,2015b,2015c;刘琰 等,2017)。

## 4.1.2　碳酸岩-正长岩杂岩体

川西冕宁-德昌稀土矿带中,碳酸岩-碱性岩杂岩体呈近南北向展布,位于青藏高原东缘新生代钾质火成岩的东侧(侯增谦 等,2008)。大陆槽碳酸岩和正长岩在空间上密切共生,共同构成碳酸岩-正长岩杂岩体[图 4-3(a)、(b)],这种杂岩体承载了该矿床的绝大部分稀土矿化事件,常见稀土矿脉充填于碳酸岩-正长岩杂岩体及内、外接触带的构造裂隙之中。具体来看,碳酸岩主要发育于一号矿体和三号矿体附近(图 4-1),岩脉宽约数十厘米至数米之间不等,同时伴有正长岩、石英闪长岩或稀土矿石。新鲜的碳酸岩呈灰白色,粒状结构,块状或浸染状构造,主要由方解石构成,含有少量重晶石、石英、霓辉石、云母,偶见稀土矿物氟碳铈矿。正长岩的分布面积远大于碳酸岩,多呈岩株、岩脉或小侵入体产出,侵入于元古代石英闪长岩的构造裂隙之中(图 4-1),正长岩的边部常见石英闪长岩的岩石捕房体。新鲜的正长岩呈浅灰色或微带肉红色,偶见柱状节理[图 4-3(c)],常常遭受风化作用而使岩石松散、颜色变暗[图 4-3(d)],多呈粒状结构或斑状、似斑状结构,块状构造,主要矿物为碱性长石(如正长岩、条纹长石等)、斜长石、霓辉石和石英,偶见黄铁矿、锆石、磷灰石等副矿物。

附表 2 列出了报道的大陆槽矿床新鲜碳酸岩和正长岩的全岩主、微量地球化学成分数据(Hou et al. ,2006,2015),图 4-4 绘制了稀土配分曲线[图 4-4(a)]和微量元素蛛网图[图 4-4(b)]。数据显示,大陆槽碳酸岩以较低的 $SiO_2$ 含量($1.24\%\sim10.2\%$),极低的 $Fe_2O_3^T$(≤$1.83\%$)和 $MgO$(≤$0.44\%$)含量为特征,具有较高的 $CaO$ 含量($36.5\%\sim49.2\%$)。不同的是大陆槽正长岩具有较高的 $SiO_2$ 含量(≥$63.4\%$),已达英碱正长岩的标准。此外,正长岩还以相对较高的铝($Al_2O_3$≥$19.1\%$)和碱质($Na_2O$:$7.50\%\sim8.83\%$;$K_2O$:$3.64\%\sim5.05\%$)为特征,明显区别于碳酸岩。在微量元素中,大陆槽碳酸岩($\sum REE$≥2 839 ppm)具有比正长岩高得多的稀土元素含量。稀土配分曲线[图 4-4(a)]显示碳酸岩为

（a）一号矿体安全平台

（b）安全平台上的碳酸岩-正长岩杂岩体的局部特写

（c）稀土矿脉穿插新鲜正长岩岩体

（d）三号矿体正长岩岩体遭受风化剥蚀

图 4-3　大陆槽矿床碳酸岩-正长岩杂岩体及相关的稀土矿脉野外照片

典型的"右倾"稀土配分形式,但正长岩的配分形式略带铲状(即相对于碳酸岩,正长岩略为富集中、重稀土)。碳酸岩还以极度富集大离子不相容元素(Sr≥16 500 ppm;Ba≥5 200 ppm)和相对亏损高场强元素为特征[图 4-4(b)],而正长岩相对富集大离子不相容元素(Sr≥155 ppm;Ba≥440 ppm)和高场强元素[图 4-4(b)],但稀土总量明显较低[图 4-4(a)]。

### 4.1.3　霓长岩化作用

　　相比于里庄矿床,大陆槽矿床霓长岩作用的蚀变程度更低,但由于较为活跃的矿区构造活动而发育强烈的角砾岩化作用,并因此而形成大量角砾岩[图 4-5(a)、(b)]。在大陆槽矿床中,霓长岩化作用往往分布于碳酸岩-正长岩杂岩体与稀土矿脉的接触部位,发生霓长岩化作用的原岩大都为正长岩(少量为石英闪长岩)。由于矿区相对较强的构造活动,围岩在发生霓长岩化作用后常常破碎形成大小不一、呈不规则状的岩石角砾[图 4-5(a)、(b)],部分角砾岩的岩石基质可能具有较高的稀土元素含量[图 4-5(b)]。角砾岩的出现暗示矿区可能经历了频繁

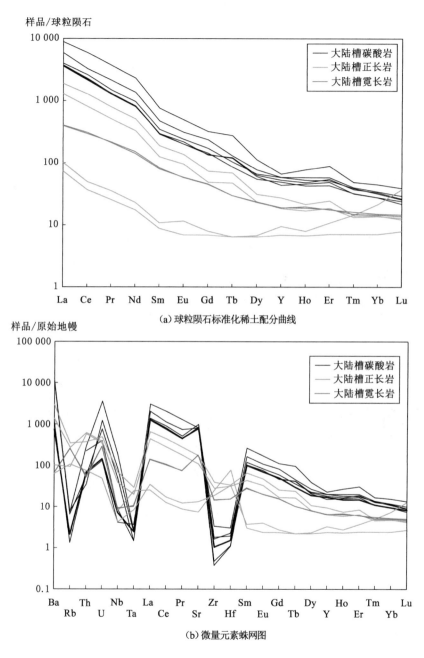

(a)球粒陨石标准化稀土配分曲线

(b)微量元素蛛网图

图 4-4　大陆槽矿床碳酸岩、正长岩、霓长岩稀土和微量元素标准化曲线

(据 Hou et al.，2006，2015；舒小超等，2019。原始数据值见附表 2)

而强烈的角砾岩化作用,该地质作用的出现实质上代表了压力爆炸性、突然性释放的过程(Elliott et al.,2018)。由于碳酸岩流体侵入围岩裂隙并引起蚀变作用,而流体则冷却沉淀而形成热液脉,因此常见后期热液脉切割霓长岩,热液脉中的矿物主要为方解石[图 4-5(c)]。霓长岩化蚀变以钾长石被钠长石交代、霓辉石被黑云母交代,以及霓辉石、钠长石和黑云母浸染状分布为特征[图 4-5(c)、(d)]。大陆槽霓长岩残余矿物往往发生浑浊化,新生矿物较细,局部可见典型的蚀变结构(如变晶结构、交代残余结构等)。

(a) 角砾岩野外照片(一)      (b) 角砾岩野外照片(二)

(c) 霓长岩BSE镜下照片(一)      (d) 霓长岩BSE镜下照片(二)

BSE—背散射图像;Ab—钠长石;Dol—白云石;Cal—方解石;
Kfs—钾长石;Bt—黑云母;Bsn—氟碳铈矿;Agt—霓辉石。

图 4-5 大陆槽矿床角砾岩野外照片及霓长岩镜下照片

图 4-5 中,图 4-5(a)、(b)为角砾岩野外照片,含大小不一、呈不规则状的岩石角砾,部分岩石基质富含稀土元素;图 4-5(c)为霓长岩 BSE 镜下照片,以方解石为主要矿物的热液脉穿插于含大量钠长石的霓长岩;图 4-5(d)同为霓长岩 BSE 镜下照片,含细小颗粒黑云母、钾长石、钠长石、霓辉石和氟碳铈矿等矿物。

附表 2 给出了霓长岩的全岩主、微量地球化学成分数据,并在图 4-4 中绘制了稀土配分曲线[图 4-4(a)]和微量元素蛛网图[图 4-4(b)]。总体而言,大陆槽霓长岩的 $SiO_2$(平均含量为 50.2%)、$Al_2O_3$(平均含量为 17.1%)、碱质($K_2O$:平均含量为 2.60%;$Na_2O$:平均含量为 5.37%)等主量元素特征与 Elliott 等(2018)报道的世界上其他稀土矿床(如中国内蒙古白云鄂博、印度 Amba Dongar 等)的霓长岩主量元素特征基本一致。相比于正长岩原岩,大陆槽霓长岩更为富集稀土($\sum$REE :434~439 ppm)和大离子不相容元素(Sr:3 368~3 694;Ba:454~457)。大陆槽霓长岩的稀土元素球粒陨石标准化图解表现出典型的轻稀土元素富集的"右倾"特征,$\sum$REE 元素含量介于碳酸岩和正长岩之间。霓长岩具有与碳酸岩相似的稀土配分和微量元素蛛网图形式,从地球化学的层面暗示了形成的霓长岩是对碳酸岩岩浆及后期热液活动的响应。

### 4.1.4　稀土矿石

大陆槽稀土矿体由两个大透镜体和诸多小矿体组成,与稀土成矿作用有关的两个角砾岩筒产于碳酸岩-正长岩杂岩体之中,主要包括两套成矿系统(侯增谦 等,2008)。第一套成矿系统发育于两个角砾岩筒中,形成具有工业价值的一号矿体和三号矿体(图 4-1)。第二套成矿系统发育于两个角砾岩筒之间,受磨房沟走滑断裂的影响而发生错动,工业意义较小(图 4-1)。大陆槽矿床稀土矿石[图 4-6(a)、(b)]多为略带暗红色或灰褐色,部分灰褐色条带状矿石含萤石、石英、方解石、重晶石等脉石矿物[图 4-6(c)~(e)]。角砾状矿石是大陆槽矿床另一种典型的稀土矿石[图 4-6(f)],镜下研究发现角砾状矿石具有碎屑支撑构造,碎屑主要由棱角状-次圆状正长岩和碳酸岩角砾组成,基质主要由细粒方解石、石英和氟碳铈矿组成。一号矿体的稀土矿石中矿物组合主要为萤石+重晶石+天青石+方解石+石英+氟碳铈矿,而三号矿体稀土矿石中的矿物组合则为萤石+天青石+黄铁矿+白云母+方解石+石英+氟碳铈矿。萤石、石英、方解石和重晶石是大陆槽矿床中最重要的脉石矿物,氟碳铈矿是该矿床主要的稀土矿物,它们共同形成稳定的矿物共生组合[图 4-7(a)~(f)]。在大陆槽矿床,一个有趣的现象是只有在萤石(而非其他脉石矿物)大量出现的地方才能发现氟碳铈矿,这可能暗示着萤石对稀土矿物结晶所具有的重要意义。此外,在三号矿体附近,部分稀土矿石可见发生表生风化作用,使矿石松散并生成蒙脱石、伊利石、高岭石等黏土矿物。

新鲜氟碳铈矿颗粒较细,多呈淡黄色,短柱状或薄板状,半自形状-他形结构,充填于萤石、石英、方解石和重晶石等脉石矿物构成的间隙之内,或者叠加于

（a）典型稀土矿石野外照片（一）

（b）典型稀土矿石野外照片（二）

（c）含萤石+石英+方解石+重晶石脉石
矿物的灰褐色（似）条带状矿石（一）

（d）含萤石+石英+方解石+重晶石脉石
矿物的灰褐色（似）条带状矿石（二）

（e）含萤石+石英+方解石+重晶石脉石
矿物的灰褐色（似）条带状矿石（三）

（f）灰白色角砾状矿石

Fl—萤石；Cal—方解石；Qtz—石英；Brt—重晶石。

图 4-6　大陆槽矿床稀土矿石野外及手标本照片

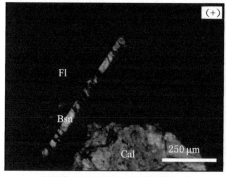

（a）柱状氟碳铈矿叠加于萤石颗粒之上　　　　　　（b）矿石中方解石矿物脉

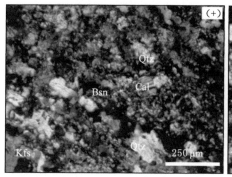

（c）短柱状氟碳铈矿充填于石英、方解石等　　　（d）短柱状氟碳铈矿充填于石英、方解石等
　　　矿物组成的间隙，石英略显定向排列（一）　　　　矿物组成的间隙，石英略显定向排列（二）

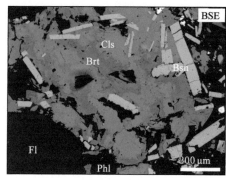

（e）BSE镜下照片（一）　　　　　　　　　　（f）BSE镜下照片（二）

（+）—正交偏光；BSE—背散射图像；Kfs—钾长石；Fl—萤石；Cal—方解石；
Brt—重晶石；Phl—金云母；Cls—天青石；Qtz—石英；Bsn—氟碳铈矿。

图 4-7　大陆槽矿床稀土矿石镜下照片

这些矿物之上[图 4-7(e)、(f)],这表明大规模的稀土矿化事件可能发生于脉石矿物大量形成之后。大陆槽矿床氟碳铈矿的稀土元素 $La_2O_3$-$Ce_2O_3$-$Nd_2O_3$ 成分三角投图如图 4-8 所示,该图显示大陆槽氟碳铈矿主要含 Ce、La 及少量 Nd 元素,与 Chen 等(2017)报道的全球范围内碳酸岩型稀土矿床中的独居石成分类似,这与里庄矿床氟碳铈矿略微不同。

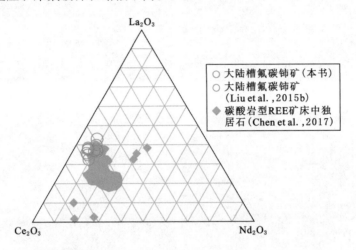

图 4-8　大陆槽矿床氟碳铈矿 $La_2O_3$-$Ce_2O_3$-$Nd_2O_3$ 成分三角投图

### 4.1.5　矿物生成顺序

总体而言,大陆槽矿床稀土和脉石矿物的共生序列与牦牛坪矿床(Xie et al.,2009,2015;李自静,2018)较为类似,但矿物组合和矿物种类更为简单。基于野外观察、典型矿石样品的镜下岩相学研究和以往报道文献(侯增谦 等,2008;Liu et al.,2015b,2017),提出了大陆槽矿床岩浆期→伟晶岩期→热液期→表生期各种矿物的生成顺序(图 4-9)。岩浆期以碳酸岩-正长岩杂岩体的形成为主要特征,碳酸岩和正长岩中的造岩矿物(如钾长石、钠长石、岩浆方解石)和副矿物(如锆石、磷灰石等)形成于该期次。伟晶岩期主要见于一号矿体,伟晶状的粗粒萤石、方解石和石英是该期次的主要矿物。热液期以穿插于碳酸岩-正长岩杂岩体中的热液矿脉的形成为特征,按照稀土矿物是否大量沉淀(即是否有粒度较大、数量较多、可达到工业意义的独立稀土矿物的出现),进一步划分为两个阶段:① 前 REE 阶段,脉石矿物如萤石、石英、方解石、重晶石和天青石大量形成;② REE 阶段,以稀土矿物氟碳铈矿的大规模沉淀为特征,氟碳铈矿呈半自形或他形晶体通常叠加于早期形成的脉石矿物之上或充填于这些矿物构成的间隙之内[图 4-7(a)、(c)~(f)]。尽管前 REE 阶段有少量氟碳铈矿出现,但多呈浸染状分布于萤石、石英、方解石、重晶石和天青石等脉石矿物之上,粒度较小、数量较少,远没有达到大规模稀土成矿的程度。表生期以黏土矿物(如伊利石、高岭石、海泡石等)的出现为特征。

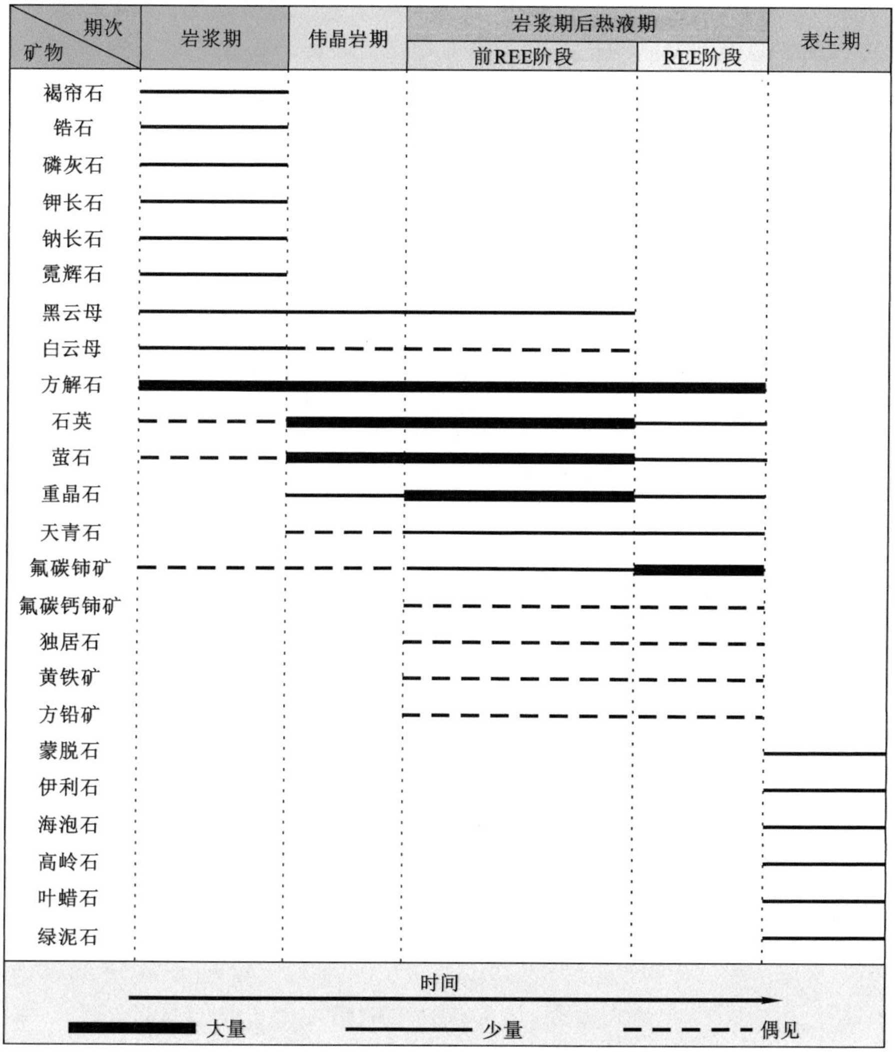

| 期次<br>矿物 | 岩浆期 | 伟晶岩期 | 岩浆期后热液期 | | 表生期 |
| --- | --- | --- | --- | --- | --- |
| | | | 前REE阶段 | REE阶段 | |
| 褐帘石 | — | | | | |
| 锆石 | — | | | | |
| 磷灰石 | — | | | | |
| 钾长石 | — | | | | |
| 钠长石 | — | | | | |
| 霓辉石 | — | | | | |
| 黑云母 | ——————————— | | | | |
| 白云母 | | —————————— | | | |
| 方解石 | ▬▬▬▬▬▬▬▬▬▬▬▬▬▬▬▬▬▬▬▬ | | | | |
| 石英 | - - - | ▬▬▬ | —————— | | |
| 萤石 | - - - | ▬▬▬ | —————— | | |
| 重晶石 | | | ▬▬▬▬▬▬▬▬ | —— | |
| 天青石 | | - - - | —————————— | | |
| 氟碳铈矿 | - - - | | | ▬▬▬ | |
| 氟碳钙铈矿 | | | - - - - - - - - - - - | | |
| 独居石 | | | - - - - - - - - - - - | | |
| 黄铁矿 | | | - - - - - - - - - - - | | |
| 方铅矿 | | | - - - - - - - - - - - | | |
| 蒙脱石 | | | | | —— |
| 伊利石 | | | | | —— |
| 海泡石 | | | | | —— |
| 高岭石 | | | | | —— |
| 叶蜡石 | | | | | —— |
| 绿泥石 | | | | | —— |

时间 →

▬▬▬ 大量    ——— 少量    - - - 偶见

图 4-9  大陆槽矿床矿物生成顺序图

(据 Liu et al.,2015b,有修改)

# 4.2　地质年代学

鉴于前人已经对大陆槽矿床进行了大量地质年代学研究,且取得了较为满意的结果,故本书并未进行冗余的定年工作,仅对以往的年代学数据进行了有效性分析和总结(图4-10)。图4-10中,碳酸岩和正长岩的年龄代表大陆槽成岩年龄,氟碳铈矿以及与氟碳铈矿共生云母的年龄代表稀土矿化年龄。这些年代学数据按照测试样品性质的不同可以分为两类:成岩年龄和成矿年龄。碳酸岩及相关的正长岩在空间上密切共生,共同构成碳酸岩-正长岩杂岩体,是稀土矿体的主要含矿围岩,与稀土成矿作用密切相关,因此二者的锆石年龄数据可被视为成岩年龄;氟碳铈矿是主要的稀土矿物,其矿物学年龄可直接代表稀土矿化时间,可被视为成矿年龄。此外,在大陆槽稀土矿石中,云母往往可与氟碳铈矿密切共生,因此云母年代学数据亦可间接反映成矿年龄。

对大陆槽碳酸岩年龄的唯一报道来自田世洪等(2008)提供的锆石SHRIMP U-Pb 年龄[(12.99±0.94) Ma],然而该年龄的分析误差较大(2$\sigma$接近1 Ma,超过所报道年龄的 7%),且测试样品数量较少($n=7$)。正长岩的年龄数据来自田世洪等(2008)报道的锆石 SHRIMP U-Pb 年龄[(14.53±0.31) Ma,$n=15$],Liu 等(2015a)报道的锆石 SHRIMP U-Pb 年龄[(12.13±0.19) Ma,$n=15$;(11.32±0.28) Ma,$n=21$],以及 Ling 等(2016)报道的锆石 LA-ICP-MS U-Pb 年龄[(12.7±0.2) Ma,$n=18$]。在这 4 个年龄数据中,(14.53±0.31) Ma 和(11.32±0.28) Ma 明显与其他数据偏差较大,这种偏差很可能来自样品采集的差异(如蚀变程度等)或测试过程中的系统性误差。因此,使用其余两个年龄(较为接近且测试锆石的数量较大)做加权平均计算,得出大陆槽正长岩年龄为 12.44 Ma,可被视为大陆槽矿床有效的成岩年龄。

约束大陆槽稀土矿化的间接时限来自 Liu 等(2015b)提供的与氟碳铈矿密切共生的云母的年代学数据[(12.39±0.13) Ma 及(12.23±0.21) Ma],对云母年龄数据的疑惑主要来自原始论文中对云母样品较为模糊的描述,因为云母很容易在热液过程中发生蚀变,从而使年龄测试出现偏差。幸运的是,Ling 等(2016)报道了稀土矿物氟碳铈矿的 SIMS Th-Pb 年代学数据[(11.9±0.2) Ma 及(11.8±0.2) Ma],毫无疑问,这可视为大陆槽稀土矿化的直接定年。类似的,使用这两个氟碳铈矿年龄做加权平均计算,得出大陆槽稀土矿化的年龄为 11.85 Ma。为了便于叙述,且考虑到一个可以接受的误差范围(尤其是置于漫长的地质时代),可将大陆槽成岩成矿年龄近似视为 12 Ma。

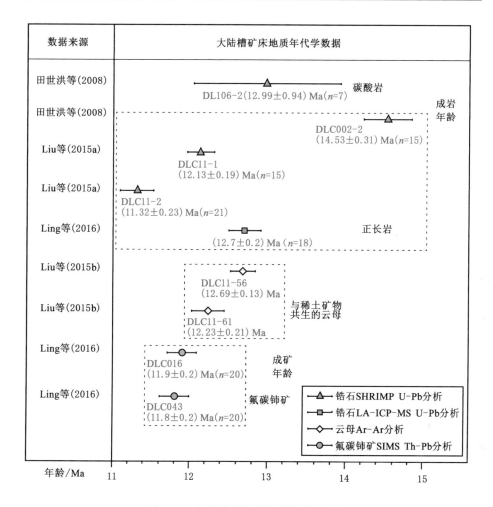

图 4-10　大陆槽矿床年代学数据汇总图

# 4.3　流体包裹体

## 4.3.1　样品采集

用于成矿流体分析的样品采集自大陆槽一号矿体和三号矿体的典型稀土矿脉中,样品经过室内挑选处理在河北区域地质调查研究所磨制包裹体片(极少量在首钢地质勘查院磨制),制备了超过 40 件包裹体片在显微镜下进行岩相学观察和记录,从中挑选出具有代表性的原生包裹体进行冷冻法和均一法显微测温,并对体积较大的典型包裹体进行激光拉曼光谱分析。此外,一些单矿物样品被用来进行离子色谱分析和 H-O 稳定同位素分析,以确定成矿流体组分和来源。

### 4.3.2　包裹体岩相学

根据室温下的相组合以及加热-冷却过程的相变化,可将大陆槽包裹体划分为熔体包裹体和流体包裹体,后者可进一步划分为气-液两相型(LV 型)、纯 $CO_2$ 型(PC 型)、含 $CO_2$ 型(LC 型)、含子晶型(LCS 型)和既含子晶又含 $CO_2$ 型(LCS 型)。在本次分类体系中,字母 P、L、V、C 和 S 分别代表(几乎)纯净(Pure)、液相(Liquid)、气相(Vapor)、$CO_2$ 相和固相(Solid)。包裹体分类和岩相学观察严格基于 Goldstein(戈德斯坦)于 1994 年提出的包裹体组合概念。

熔体包裹体[图 4-11(a)、(b)]通常被捕获于大陆槽一号矿体的伟晶状萤石或方解石中。在室温下,这些包裹体主要由玻璃相组成,在某些情况下可能含有少量气泡。冷却时,熔体包裹体可能转化为含 $CO_2$ 相、水溶液相和熔融玻璃相的熔-流包裹体。具有不同熔融相体积分数的此类包裹体往往在包裹体团簇中发现,这些包裹体大多含有多个固相、液态 $CO_2$ 相、水溶液相,在某些情况下还含有玻璃相,其中固相或熔融玻璃相占据了包裹体绝大部分体积。

大多数 LV 型包裹体在室温下显示两种截然不同的相,即液态 $H_2O$ 和气态 $H_2O$ 相($L_{H_2O}$＋$V_{H_2O}$)。这些包裹体大都为椭圆形或负晶形,大小为 $4 \sim 27\ \mu m$[图 4-11(c)]。一般情况下,气泡相对较小,气相体积分数介于 $10\% \sim 40\%$ 之间。在 REE 阶段的氟碳铈矿中,大多数 LV 型包裹体密切散布或聚集在一起,且具有较为恒定的气泡体积分数,因而被认为是原生包裹体。

PC 型包裹体为(几乎)纯 $CO_2$ 包裹体,在室温下通常含有两相[$L_{CO_2}$＋$V_{CO_2}$,图 4-11(d)]或一相($L_{CO_2}$),后者在冷却过程中往往转化为两相($L_{CO_2}$＋$V_{CO_2}$)包裹体,这表明此类型包裹体在室温下是液相。这些包裹体大都较小(直径为 $2 \sim 15\ \mu m$),常被捕获于前 REE 阶段的石英和重晶石中。

LC 型包裹体广泛发育于前 REE 阶段的脉石矿物中。这些包裹体在室温下含有三相[$L_{H_2O}$＋$L_{CO_2}$＋$V_{CO_2}$,图 4-11(e)]或两相($L_{H_2O}$＋$L_{CO_2}$)。对于含两相者,液态 $CO_2$ 在冷却过程中可能析出 $CO_2$ 气泡($L_{CO_2} \rightarrow L_{CO_2}$＋$V_{CO_2}$)。此类包裹体直径介于 $4 \sim 26\ \mu m$ 之间,$CO_2$ 相的体积分数在室温下介于 $20\% \sim 80\%$ 之间。

LVS 型包裹体含有一个或多个固相、液相和气相[($L_{H_2O}$＋$V_{H_2O}$＋S,图 4-11(f)],其中固相的体积分数介于 $10\% \sim 40\%$ 之间。此类包裹体通常见于前 REE 阶段的萤石中,直径大都为 $6 \sim 25\ \mu m$。拉曼光谱表明,具有不规则形状的硫酸盐(如硬石膏)是大多数 LVS 型包裹体的主要子晶,尽管在前 REE 阶段萤石和石英的此类包裹体中也观察到少量呈规则棱柱形或立方形的石盐晶体。

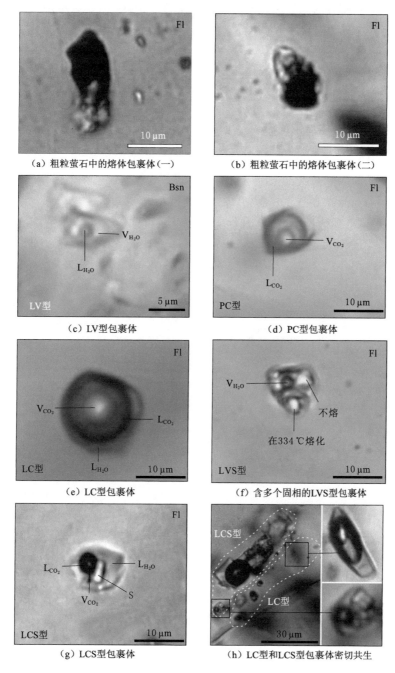

（a）粗粒萤石中的熔体包裹体（一）　　　　（b）粗粒萤石中的熔体包裹体（二）

（c）LV型包裹体　　　　　　　　　　　　　（d）PC型包裹体

（e）LC型包裹体　　　　　　（f）含多个固相的LVS型包裹体

（g）LCS型包裹体　　　　　（h）LC型和LCS型包裹体密切共生

Fl—萤石；Bsn—氟碳铈矿；V—气相（Vapor）；L—液相（Liquid）；S—固相（Solid）。

图 4-11　大陆槽矿床不同类型包裹体的显微照片

LCS 型包裹体含有固相、液相和 $CO_2$ 相[$L_{H_2O} + L_{CO_2} + S$ 或 $L_{H_2O} + L_{CO_2} + V_{CO_2} + S$,图 4-11(g)]。这些包裹体直径介于 $10 \sim 25$ $\mu m$ 之间,通常显示椭圆形,含有中等大小气泡(室温下气泡体积分数为 $10\% \sim 50\%$)的不规则 LCS 型包裹体也被发现。此类包裹体通常见于前 REE 阶段石英和萤石中,在某些情况下与 LC 型包裹体在空间上密切共生[图 4-11(h)]。

### 4.3.3 流体包裹体显微测温

对前 REE 阶段的 LV 型、PC 型、LC 型、LVS 型包裹体和 REE 阶段的 LV 型包裹体进行了显微测温。流体包裹体显微测温数据及进一步计算的参数总结于表 4-1,均一温度和盐度柱状图如图 4-12 所示。

总体来看,在前 REE 阶段捕获自萤石、石英和重晶石的 131 个流体包裹体给出了 $278 \sim 442$ ℃的均一温度。PC 型和 LC 型包裹体的固态 $CO_2$ 消失温度介于 $-61.4 \sim -60.0$ ℃之间,固态 $CO_2$ 消失温度低于纯 $CO_2$ 三相点($-56.6$ ℃),表明除了 $CO_2$ 之外还存在少量其他气体(如 $N_2$、$CH_4$ 等)。含 $CO_2$ 包裹体可见两种不同的 $CO_2$ 相部分均一模式,即部分均一至液相或气相。被分析的 LC 型包裹体中有超过 $60\%$ 部分均一至液相,其他包裹体均一至气相。所有含 $CO_2$ 包裹体显示出部分均一温度为 $12.1 \sim 29.6$ ℃,完全均一温度介于 $300 \sim 442$ ℃之间。$CO_2$ 笼合物消失温度为 $-9.6 \sim 8.4$ ℃,据此计算的盐度范围为 $3.2\% \sim 23.4\%$ NaCl$_{equiv}$。所有 LV 型包裹体基于 $-9.2 \sim -4.2$ ℃的冰点范围计算出的盐度范围为 $6.7\% \sim 13.1\%$ NaCl$_{equiv}$,完全均一温度介于 $252 \sim 375$ ℃之间,并可见完全均一至液相或气相两种均一模式。所有 LVS 型包裹体中气-液均一温度范围为 $286 \sim 440$ ℃,子晶消失温度为 $202 \sim 378$ ℃,对应的盐度范围为 $30.1\% \sim 45.1\%$ NaCl$_{equiv}$。

REE 阶段 LV 型包裹体十分丰富,所有测试的 LV 型包裹体显示出相同的均一模式,即均一至液相,完全均一温度介于 $147 \sim 323$ ℃之间。这些包裹体的冰点范围为 $-6.2 \sim -0.6$ ℃,据此所计算的盐度范围为 $1.1\% \sim 9.5\%$ NaCl$_{equiv}$。

### 4.3.4 拉曼光谱和离子色谱

典型包裹体的拉曼光谱如图 4-13 所示。光谱图显示 LVS 型包裹体中的子晶为硫酸盐矿物,如硬石膏[图 4-13(a)]。选择了石英中的 LC 型包裹体对 $CO_2$ 气泡进行分析[1 283 $cm^{-1}$ 和 1 286 $cm^{-1}$ 的 $CO_2$ 峰,图 4-13(b)]。相反,氟碳铈矿中的 LV 型包裹体则很少观察到 $CO_2$,仅仅观察到强烈的 $H_2O$ 峰[图 4-13(c)、(d)]。此外,光谱图中 982 $cm^{-1}$ 的拉曼峰表明液相中含有丰富的 $SO_4^{2-}$[图 4-13(d)],这也与离子色谱分析(表 3-5)的结果相符合。

离子色谱分析结果(表 3-5)表明大陆槽成矿流体中含有 $SO_4^{2-}$、$Cl^-$、$F^-$、

表 4-1　大陆槽矿床流体包裹体显微测温数据

| 矿物 | 包裹体简图 | 包裹体类型 | 测试数量 | $T_{m,CO_2}$/℃ | $T_{m,cla}$/℃ | $T_{h,CO_2}$/℃ | $T_{m,s}$/℃ | $T_{h,tot}$/℃ | $T_{m,ice}$/℃ | 盐度/% |
|---|---|---|---|---|---|---|---|---|---|---|
| | | | | | 前 REE 阶段 | | | | | |
| 萤石 1 | | LVS | 20 | | | | 220~378 | 331~440 | | 32.9~45.1 |
| | | LC | 29 | -61.4~-60.4 | -4.8~8.2 | 22.2~27.0 | | 305~402 | | 3.5~19.6 |
| | | LV | 37 | | | | | 278~364 | -8.5~-4.7 | 7.4~12.3 |
| 石英 | | LCS | 5 | | | 202~330 | 286~360 | | 32.0~40.6 | |
| | | PC | 5 | -60.4~-60.3 | | 13.3~27.7 | | | | |
| | | LC | 8 | -60.4~-60.0 | -5.9~8.4 | 12.1~29.6 | | 300~442 | | 3.2~23.4 |
| | | LV | 7 | | | | | 302~404 | -9.2~-6.7 | 10.1~13.1 |
| 重晶石 | | LVS | 5 | | | | 216~290 | 305~363 | | 30.1~32.9 |
| | | PC | 4 | -60.7~-60.2 | | 22.2~24.0 | | | | |
| | | LC | 5 | -60.7~-60.2 | -9.6~-7.8 | 24.1~27.1 | | 308~390 | | 20.9~21.4 |
| | | LV | 6 | | | | | 310~360 | -6.5~-4.2 | 6.7~9.9 |
| | | | | | REE 阶段 | | | | | |
| 萤石 | | LV | 51 | | | | | 162~323 | -5.8~-0.6 | 1.1~8.9 |
| 氟碳铈矿 | | LV | 30 | | | | | 163~301 | -4.3~-0.8 | 1.4~6.9 |
| 方解石 | | LV | 8 | | | | | 147~248 | -6.2~-3.5 | 5.7~9.5 |

注：$T_{m,CO_2}$—固态 $CO_2$ 消失温度；$T_{m,cla}$—$CO_2$ 笼合物消失温度；$T_{h,CO_2}$—$CO_2$ 相部分均一温度；$T_{m,s}$—固相消失温度；$T_{h,tot}$—完全均一温度；$T_{m,ice}$—冰点。

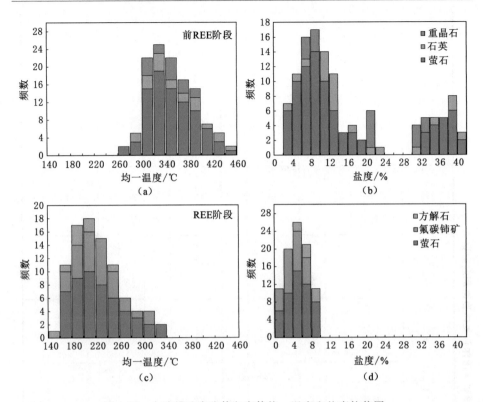

图 4-12　大陆槽矿床流体包裹体均一温度和盐度柱状图

$Na^+$、$K^+$ 和 $Ca^{2+}$，其中 $SO_4^{2-}$ 是流体中最丰富的离子。$Na^+/K^+$ 和 $Cl^-/SO_4^{2-}$ 的摩尔比分别为 $4.40\sim4.84$ 和 $0.03\sim1.27$。流体中 $CO_3^{2-}$ 和 $HCO_3^-$ 没有分析，因为采用了 $Na_2CO_3$ 溶液作为流动相进行了离子色谱分析。在分析结果中阴阳离子并未保持平衡，是因为一些阳离子(尤其是 $REE^{3+}$)没有进行分析。总之，流体中含有丰富的 $SO_4^{2-}$，并具有较高的 $Na^+/K^+$ 和较低的 $Cl^-/SO_4^{2-}$ 摩尔比。

### 4.3.5　流体来源

选择大陆槽矿床典型矿脉中前 REE 阶段与萤石、重晶石和方解石共生的石英进行 H-O 同位素分析。分析结果见表 3-6，包括 Liu 等(2015b)报道的晚期石英 H-O 同位素数据。结果表明，6 个石英样品的 $\delta^{18}O_{V\text{-}SMOW}$ 介于 $3.0‰\sim8.5‰$ 之间。$\delta^{18}O_{流体}$ 值的计算是基于 Clayton 等(1972)提出的水-石英平衡反应：

$$1\,000\ln\alpha_{水\text{-}石英} = 3.38\times10^6\times T^{-2} - 3.40$$

温度为每个石英样品流体包裹体中的近似平均温度。总体来说，前 REE 阶段萤石-石英-方解石矿脉中的石英样品给出了相对较高的 $\delta^{18}O_{流体}$($1.3‰\sim$

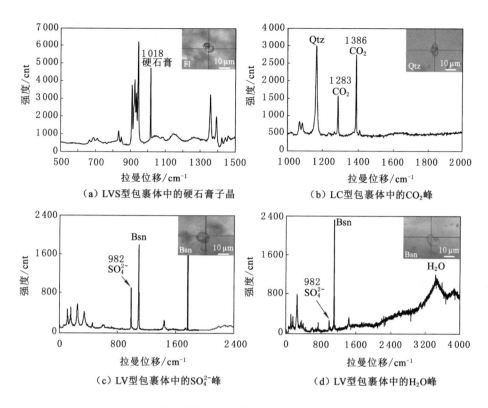

（a）LVS型包裹体中的硬石膏子晶

（b）LC型包裹体中的$CO_2$峰

（c）LV型包裹体中的$SO_4^{2-}$峰

（d）LV型包裹体中的$H_2O$峰

Fl—萤石；Qtz—石英；Bsn—氟碳铈矿。

图 4-13　大陆槽矿床典型流体包裹体拉曼光谱图

1.6‰）和 $\delta D_{V\text{-}SMOW}$（$-80.2$‰～$-71.0$‰）值。这些数据投点介于原生岩浆水和大气水线之间，但是仍以岩浆水为主（图 4-14）。大陆槽包裹体的种类和岩相学特征也支持成矿流体的岩浆水特征，熔体包裹体［图 4-11（a）、（b）］的出现暗示了成矿流体的岩浆起源，熔-流体包裹体的分别出现则记录了从岩浆特征到热液特征的演化过程。结合野外事实（碳酸岩-正长岩杂岩体与稀土矿化在时间和空间上密切相关）以及同位素数据（详见 5.2 节），可以认为大陆槽矿床的成矿流体来自碳酸岩-正长岩母岩浆体系。

　　相比之下，大陆槽矿床 REE 阶段的晚期石英给出了完全不同于前 REE 阶段早期石英的更低的 $\delta^{18}O_{流体}$（$-7.5$‰～$-5.0$‰）和 $\delta D_{V\text{-}SMOW}$（$-105.1$‰～$-88.4$‰）值，愈加靠近大气水线（图 4-14），强烈暗示了大气降水的参与，这也符合 REE 阶段 LV 型包裹体低温（147～323 ℃）和低盐度（1.1%～9.5% $NaCl_{equiv}$）的特征。这些 LV 型包裹体的出现被认为是低温、低盐度流体的晚期循环过程中原生流体与大气降水混合的结果。类似的情况也出现在其他稀土矿床，如白云鄂博

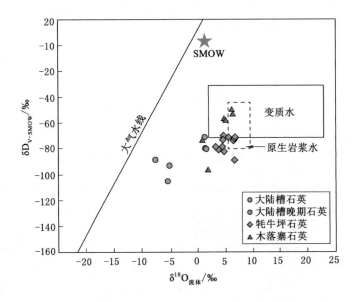

图 4-14　大陆槽矿床石英 H-O 同位素图解

（大陆槽晚期石英数据引自 Liu et al.，2015b；牦牛坪石英数据引自 Liu et al.，2017；

木落寨石英数据引自郑旭等，2019）

(Smith，2000)和 Gallinas Mountains(Williams-Jones et al.，2000)。综上所述，石英 H-O 同位素从前 REE 阶段到 REE 阶段的逐渐演化，指示了大陆槽矿床成矿流体的岩浆起源特征，而在热液过程中不断被大气降水稀释。

### 4.3.6　流体演化

在流体包裹体显微测温的基础上，重建了热液流体在盐度、温度和压力方面的演化过程。拉曼光谱、离子色谱分析并结合矿物学特征表明，初始成矿流体富含 REE、$SO_4^{2-}$、$Cl^-$、$F^-$、$Na^+$、$K^+$、$Ca^{2+}$ 和 $CO_2$，类似于其他碳酸岩型稀土矿床的流体特征，如牦牛坪(Xie et al.，2009，2015)和加拿大 Hoidas Lake(Pandur et al.，2014)。由于初始流体富含 $Na^+$ 和 $K^+$，因此在矿区发生了碱性交代蚀变，即霓长岩化作用。在矿区深处，围岩最热而流体却几乎没有冷却，接近于静岩压力。热液系统的高温状态使得这些流体具有相当的运输稀土的能力。因此，此时并没有显著的稀土矿化。

热液系统的进一步演化以热液矿脉的形成、脉石矿物的广泛沉淀和氟碳铈矿的开始结晶为标志。前 REE 阶段确定的所有流体包裹体类型，包括气-液包裹体、含 $CO_2$ 包裹体和含子晶包裹体，在 $NaCl-H_2O-CO_2$ 流体系统中记录了 278～

442 ℃的均一温度范围和 3.2%～45.1%NaCl$_{equiv}$的盐度范围(表 4-1)。前 REE 阶段流体的温度明显低于任何可能的岩浆源的温度,因此这样的流体必定起源于深处,然后经历了长距离、长时间的冷却。含 CO$_2$包裹体和含子晶包裹体在这一阶段非常丰富,尤为重要的是,这一阶段流体经历了强烈的不混溶作用。发生流体不混溶的证据为:图 4-11(h)中 LC 型包裹体与具有高盐度的 LCS 型包裹体在同一个视域出现,表现出包裹体岩相学上的紧密共生。Fournier(1999)曾提出,当热液系统由韧性变为脆性而使得静岩条件转化为静水条件时,流体压力会迅速降低,从而导致不混溶的发生。

　　压力可根据流体包裹体的显微测温数据进行近似估算(Driesner et al.,2007)。流体包裹体发生不混溶或沸腾现象时所确定的均一温度可代表绝对捕获温度(Roedder et al.,1980;Brown et al.,1995)。相反,在没有发生不混溶或沸腾现象时捕获的流体包裹体所约束的温度为最低均一温度,约束的压力为最低捕获压力(Roedder et al.,1980;Rusk et al.,2008)。SO$_4^{2-}$相关流体体系中温度-压力条件的估计非常困难,目前尚没有确切的被广泛接受的方案,但若将之视为 Cl$^-$相关流体体系,则可以进行温度-压力条件估计的尝试。然而,并非所有的 LC 型包裹体的均一温度均可以用来限制流体不混溶的温度-压力条件,这是因为包裹体的不同尺寸可能会影响均一温度的测试。一般来说,体积越大、表面积越大的包裹体在加热过程中发生变形的可能性越大,因此测量的均一温度可靠性相对较低。此外,形状和体积越小的包裹体,在加热或冷却的过程中可能难以看到相位的变化。考虑到这些因素,采用尺寸适中、CO$_2$体积分数为 20%～80%、均一温度为 310～350 ℃、密度为 0.75～0.92 g/cm$^3$的非均一捕获的 LC 型包裹体来估算发生不混溶过程时的压力范围。采用 Flincor 程序(Brown,1989)和 Bowers 等(1983)提出的公式计算等容线,估算出的捕集压力介于 1 050～1 600 bar 之间[图 4-15(a)]。上升流体的不混溶过程伴随着热液系统的逐渐冷却,流体达到了 CaF$_2$、BaSO$_4$和 CaCO$_3$的溶解度极限,从而触发了尚未被早期结晶物质"扼"住的萤石、重晶石和方解石的沉淀。

　　REE 阶段以氟碳铈矿的大量结晶为特征,代表了热液活动的衰退阶段。REE 阶段形成的大量气-液两相包裹体构成了主要的包裹体组合,在一个近似的 NaCl-H$_2$O 流体体系中记录了 147～323 ℃的均一温度范围和 1.1%～9.5%NaCl$_{equiv}$的盐度范围。如果流体系统被认定为简单的 NaCl-H$_2$O 体系,则 Driesner 等(2007)提出的公式可用于估计 REE 阶段的最低捕集压力。图 4-15(b)给出了均一温度和盐度下低于 100 bar 的最低捕集压力,低压代表了浅部和开放的矿化环境,其中 CO$_2$几乎全部逃逸。在整个热液过程中,大陆槽矿区广泛发育的断裂系统和由此导致的裂隙和/或角砾岩化事件是压力降低的主要原因。氟碳铈矿中气-

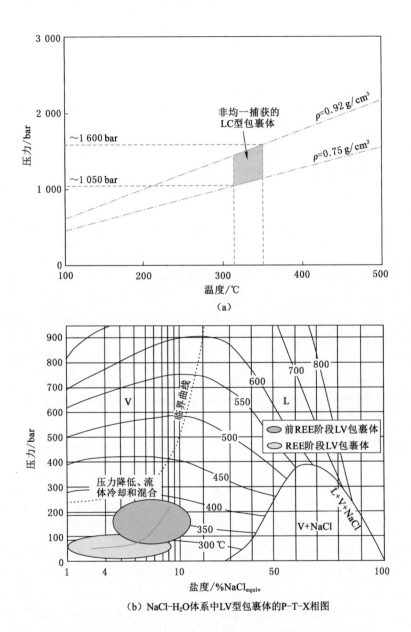

（a）

（b）NaCl-H$_2$O体系中LV型包裹体的P-T-X相图

图 4-15　大陆槽矿床前 REE 阶段和 REE 阶段的温度-压力条件估计
［等容线计算根据 Flincor 程序（Brown，1989）和 Bowers 等（1983）提出的公式；
NaCl-H$_2$O 相图据 Driesner et al.，2007］

液两相包裹体的普遍存在以及含 $CO_2$ 包裹体的稀缺性,表明稀土很有可能是从 $CO_2$ 已大量逸出后的低-中盐度的盐水流体中沉淀出来的。流体混合是这一阶段的主要事件,石英的 H-O 同位素数据也证明了这一点,流体的混合似乎是本阶段温度降低最合理的解释。随着大气降水的大量流入和不混溶作用的终止,流体以大气水为主要特征,并逐渐冷却和稀释。

图 4-15 中,两相表面将高压的单相区域与低压的两相流体稳定区域分开,并绘制了成分和温度的轮廓图,其顶部带有临界曲线,石盐-液体-气泡表面是温度的轮廓。为清楚起见,省略了液体-石盐的共存表面。

# 4.4　方解石矿物学

### 4.4.1　方解石岩相学特征

基于矿物组合和结构特征,在大陆槽矿床中识别出了两类方解石:粗粒(Ⅰ类,直径 $400 \sim 2\,000\ \mu m$)和细粒(Ⅱ类,直径通常 $<400\ \mu m$)。区分两类方解石的主要依据在于它们与稀土矿物氟碳铈矿的共生关系:Ⅰ类方解石不与巴斯特矿共生,而Ⅱ类方解石与氟碳铈矿密切共生。

Ⅰ类方解石主要赋存于不含 REE 矿脉的碳酸岩中,这些碳酸岩通常产于相对较深的地质环境,具有由粗粒方解石(即Ⅰ类方解石)、绿色或无色萤石、松散重晶石和硅酸盐矿物(如碱性长石、霓辉石和黑云母)构成的典型矿物组合。此类方解石颗粒具有均匀的结构纹理,多呈自形粒状结构。当与萤石接触时,它们通常保持清晰的边界,且很少被蚀变。蚀变的Ⅰ类方解石含有微小矿物包裹体(如重晶石),黄铁矿以颗粒填充物的形式偶见于蚀变方解石颗粒的解理或裂缝内(其数量较低)。

Ⅱ类方解石通常赋存于红棕色 REE 矿石中。几乎所有 REE 矿石都含有由细粒方解石(Ⅱ类方解石)、萤石、重晶石、石英和氟碳铈矿构成的矿物组合。Ⅱ类方解石晶体多呈长条状、等粒结构,在正交偏光下显示轻微的波状消光。Ⅱ类方解石最显著的特征是其倾向于在结晶区域内容纳大量微小的氟碳铈矿矿物包裹体。在极少数情况下,氟碳铈矿表现为柱状晶体,其晶体延长方向与Ⅱ类方解石平行,显示出均匀的结构纹理和粒度大小。

### 4.4.2　元素地球化学

利用电子探针和 LA-ICP-MS 手段对两类方解石分别进行了原位主(表 4-2)、微量元素(表 4-3)成分测试。

表 4-2 大陆槽方解石电子探针测试数据

| 打点 | 方解石 | CaO | MgO | SrO | FeO | MnO | BaO | 合计 |
|---|---|---|---|---|---|---|---|---|
| DLC-2-1 | | 55.5 | 0.0 | 0.7 | 0.4 | 0.2 | 0.0 | 56.8 |
| DLC-2-2 | | 53.4 | 0.2 | 0.8 | 1.2 | 1.2 | 0.0 | 56.8 |
| DLC-2-3 | | 55.5 | 0.0 | 0.6 | 0.2 | 0.2 | b.d.l. | 56.5 |
| DLC-2-4 | | 55.2 | 0.0 | 0.7 | 0.5 | 0.3 | b.d.l. | 56.7 |
| DLC-2-1 | | 53.8 | 0.2 | 0.7 | 0.6 | 1.4 | b.d.l. | 56.7 |
| DLC-2-2 | | 52.1 | 0.1 | 0.5 | 2.1 | 1.4 | b.d.l. | 56.2 |
| DLC-2-3 | Ⅰ类 | 55.3 | 0.0 | 0.7 | 0.2 | 0.2 | 0.1 | 56.5 |
| DLC-2-4 | | 53.8 | 0.3 | 0.6 | 1.0 | 1.0 | b.d.l. | 56.7 |
| DLC-2-5 | | 55.5 | 0.1 | 0.5 | 0.5 | 0.4 | b.d.l. | 57.3 |
| DL-6-1-1 | | 54.9 | 0.0 | 0.8 | 0.4 | 0.2 | 0.0 | 56.3 |
| DL-6-1-2 | | 54.7 | 0.1 | 0.6 | 0.3 | 0.6 | 0.1 | 56.3 |
| DL-6-1-3 | | 54.3 | 0.1 | 0.6 | 0.7 | 0.8 | 0.2 | 56.5 |
| DL-6-1-4 | | 54.4 | 0.1 | 0.6 | 0.5 | 0.8 | 0.1 | 56.6 |
| DLC-7-1 | | 54.5 | 0.1 | 0.9 | 0.5 | 0.6 | b.d.l. | 56.6 |
| DLC-7-2 | | 54.4 | 0.2 | 1.1 | 0.5 | 0.8 | 0.0 | 56.9 |
| DLC-7-3 | | 54.2 | 0.2 | 1.1 | 0.6 | 0.5 | 0.0 | 56.7 |
| DLC-7-4 | | 54.8 | 0.1 | 0.8 | 0.3 | 0.7 | 0.1 | 56.8 |
| DLC-13-1 | | 54.0 | 0.1 | 0.9 | 0.5 | 0.9 | 0.0 | 56.4 |
| DLC-13-2 | | 55.3 | 0.1 | 0.8 | 0.4 | 0.5 | b.d.l. | 57.1 |
| DLC-13-3 | | 54.4 | 0.1 | 0.8 | 0.4 | 0.7 | 0.1 | 56.5 |
| DLC-13-4 | Ⅱ类 | 54.7 | 0.2 | 1.0 | 0.3 | 0.8 | b.d.l. | 57.0 |
| DL-9-3-1 | | 53.4 | 0.2 | 1.2 | 0.3 | 0.8 | b.d.l. | 55.8 |
| DL-9-3-2 | | 53.7 | 0.2 | 1.1 | 0.3 | 0.7 | b.d.l. | 56.0 |
| DL-9-3-3 | | 53.2 | 0.3 | 1.1 | 0.9 | 1.0 | 0.0 | 56.6 |
| DL-9-3-4 | | 53.2 | 0.3 | 1.0 | 0.9 | 1.1 | b.d.l. | 56.5 |
| DL-9-3-5 | | 52.9 | 0.4 | 1.1 | 1.0 | 1.0 | 0.0 | 56.4 |
| DL-9-3-6 | | 53.3 | 0.3 | 1.1 | 0.9 | 1.0 | 0.1 | 56.7 |

注：b.d.l.—低于检测限。

**表4-3 利用LA-ICP-MS方法测得的大陆槽两类方解石的部分微量元素数据**

| 序号 | 类型 | Sr | Y | Ba | La | Ce | Pr | Nd | Sm | Eu | Gd | Tb | Dy | Ho | Er | Tm | Yb | Lu | Pb |
|---|---|---|---|---|---|---|---|---|---|---|---|---|---|---|---|---|---|---|---|
| 1 | | 6 095 | 90.5 | 26.1 | 37.0 | 100 | 18.3 | 101 | 34.8 | 10.2 | 30.0 | 3.80 | 19.2 | 3.58 | 9.25 | 1.37 | 9.31 | 1.37 | 109 |
| 2 | | 5 734 | 83.1 | 23.4 | 32.1 | 74.0 | 12.7 | 81.6 | 26.1 | 9.11 | 26.1 | 3.34 | 16.7 | 3.46 | 9.17 | 1.23 | 8.73 | 1.34 | 93.3 |
| 3 | | 5 467 | 86.7 | 27.2 | 60.9 | 145 | 22.7 | 141 | 34.0 | 10.4 | 29.1 | 3.39 | 17.0 | 3.37 | 9.09 | 1.27 | 8.47 | 1.42 | 97.7 |
| 4 | | 5 127 | 81.6 | 13.7 | 22.5 | 52.5 | 8.78 | 54.8 | 20.8 | 7.39 | 21.7 | 2.99 | 15.6 | 2.97 | 8.71 | 1.18 | 8.00 | 1.11 | 74.4 |
| 5 | | 5 886 | 93.0 | 21.5 | 29.5 | 70.0 | 11.7 | 76.6 | 27.8 | 8.73 | 26.8 | 3.38 | 18.2 | 3.49 | 10.1 | 1.41 | 9.59 | 1.52 | 86.8 |
| 6 | | 6 661 | 104 | 11.9 | 37.7 | 123 | 20.3 | 107 | 32.0 | 9.91 | 27.3 | 3.57 | 19.1 | 3.75 | 10.7 | 1.53 | 10.5 | 1.73 | 96.7 |
| 7 | | 5 673 | 94.6 | 14.3 | 27.8 | 80.5 | 11.9 | 65.3 | 21.9 | 7.08 | 20.2 | 2.81 | 16.0 | 3.38 | 10.2 | 1.41 | 10.0 | 1.69 | 79.9 |
| 8 | | 5 989 | 106 | 17.2 | 44.8 | 139 | 21.3 | 112 | 32.3 | 9.83 | 27.4 | 3.53 | 18.6 | 4.00 | 10.9 | 1.56 | 11.0 | 1.59 | 87.3 |
| 9 | | 5 815 | 114 | 28.3 | 87.6 | 224 | 31.6 | 145 | 33.4 | 9.84 | 27.1 | 3.62 | 20.2 | 4.09 | 12.4 | 1.84 | 13.2 | 1.98 | 102 |
| 10 | | 6 066 | 104 | 17.9 | 33.3 | 93.0 | 14.5 | 71.1 | 20.5 | 7.04 | 21.9 | 3.06 | 17.2 | 3.85 | 11.1 | 1.62 | 11.7 | 1.90 | 90.0 |
| 11 | | 5 322 | 93.6 | 14.6 | 25.2 | 61.7 | 8.97 | 46.3 | 15.1 | 5.77 | 17.7 | 2.35 | 15.4 | 3.43 | 9.99 | 1.52 | 10.9 | 1.87 | 75.3 |
| 12 | | 6 383 | 103 | 19.5 | 31.0 | 88.5 | 13.4 | 73.5 | 23.0 | 7.41 | 21.6 | 2.89 | 17.2 | 3.45 | 10.2 | 1.51 | 11.6 | 1.72 | 95.4 |
| 13 | | 5 974 | 106 | 28.2 | 51.6 | 156 | 24.3 | 126 | 29.0 | 9.54 | 26.1 | 3.43 | 17.7 | 4.04 | 10.5 | 1.71 | 12.0 | 1.90 | 105 |
| 14 | I类 | 5 796 | 96.8 | 17.3 | 29.3 | 82.5 | 13.4 | 72.8 | 20.6 | 7.31 | 20.9 | 2.85 | 15.6 | 3.45 | 9.83 | 1.52 | 11.0 | 1.62 | 83.8 |
| 15 | | 4 301 | 110 | 11.2 | 31.8 | 74.6 | 11.5 | 62.8 | 17.1 | 6.42 | 18.7 | 2.66 | 17.5 | 4.05 | 12.3 | 1.92 | 15.7 | 2.78 | 62.8 |
| 16 | | 5 804 | 94.1 | 21.2 | 25.2 | 68.2 | 10.8 | 57.8 | 18.2 | 6.60 | 18.3 | 2.72 | 15.2 | 3.53 | 9.70 | 1.50 | 11.8 | 1.92 | 80.6 |
| 17 | | 6 034 | 100 | 14.2 | 35.6 | 111 | 19.2 | 102 | 28.7 | 9.60 | 25.7 | 3.53 | 18.6 | 3.59 | 10.6 | 1.48 | 11.3 | 1.69 | 91.8 |
| 18 | | 5 042 | 85.5 | 15.0 | 28.4 | 70.6 | 11.4 | 56.8 | 16.4 | 5.94 | 16.6 | 2.46 | 13.8 | 3.17 | 9.10 | 1.49 | 11.3 | 1.90 | 78.6 |
| 19 | | 5 899 | 96.4 | 15.9 | 44.8 | 143 | 21.6 | 108 | 27.0 | 8.82 | 22.7 | 3.14 | 17.0 | 3.64 | 10.3 | 1.47 | 11.1 | 1.71 | 95.0 |
| 20 | | 5 792 | 95.9 | 10.7 | 29.0 | 81.0 | 13.9 | 78.0 | 22.7 | 7.87 | 21.7 | 2.92 | 17.3 | 3.47 | 9.99 | 1.47 | 10.7 | 1.76 | 83.5 |
| 21 | | 5 794 | 108 | 38.5 | 93.0 | 237 | 32.4 | 147 | 29.2 | 9.26 | 23.5 | 3.26 | 18.8 | 4.06 | 11.4 | 1.92 | 13.0 | 2.18 | 107 |
| 22 | | 7 315 | 102 | 19.4 | 67.0 | 214 | 34.9 | 179 | 40.0 | 11.7 | 31.3 | 3.71 | 19.0 | 3.85 | 10.3 | 1.43 | 9.60 | 1.50 | 113 |
| 23 | | 6 101 | 99.1 | 25.5 | 48.2 | 106 | 18.1 | 85.8 | 23.2 | 7.82 | 22.5 | 2.93 | 16.9 | 3.70 | 9.96 | 1.54 | 11.1 | 1.64 | 87.5 |
| 24 | | 5 468 | 93.3 | 18.7 | 27.4 | 69.9 | 11.1 | 61.0 | 18.1 | 6.21 | 17.3 | 2.48 | 14.6 | 3.30 | 9.79 | 1.63 | 11.4 | 1.96 | 85.7 |
| 25 | | 6 800 | 104 | 24.1 | 42.4 | 117 | 19.7 | 105 | 26.2 | 8.29 | 22.8 | 3.32 | 18.6 | 3.89 | 11.0 | 1.70 | 11.4 | 1.97 | 104 |
| 26 | | 5 723 | 93.5 | 15.8 | 39.6 | 108 | 18.3 | 95.7 | 24.0 | 8.03 | 21.2 | 2.96 | 16.4 | 3.59 | 10.2 | 1.53 | 10.7 | 1.62 | 85.6 |
| 27 | | 4 980 | 91.4 | 8.7 | 21.6 | 52.2 | 9.75 | 61.7 | 24.4 | 8.06 | 22.7 | 3.21 | 17.2 | 3.39 | 8.90 | 1.23 | 8.68 | 1.35 | 64.0 |
| 28 | | 3 646 | 90.6 | 10.1 | 36.3 | 84.5 | 14.0 | 76.2 | 25.0 | 7.46 | 21.1 | 3.23 | 16.0 | 3.28 | 10.6 | 1.47 | 11.4 | 1.86 | 57.1 |

表 4-3（续）

| 序号 | 类型 | Sr | Y | Ba | La | Ce | Pr | Nd | Sm | Eu | Gd | Tb | Dy | Ho | Er | Tm | Yb | Lu | Pb |
|---|---|---|---|---|---|---|---|---|---|---|---|---|---|---|---|---|---|---|---|
| 29 | | 11 118 | 252 | 40.4 | 108 | 355 | 52.4 | 261 | 66.0 | 21.6 | 58.8 | 8.65 | 43.0 | 8.60 | 22.5 | 3.00 | 18.5 | 2.46 | 31.9 |
| 30 | | 7 310 | 106 | 36.1 | 165 | 336 | 52.1 | 247 | 50.6 | 13.1 | 36.7 | 4.20 | 20.9 | 3.82 | 10.3 | 1.41 | 9.40 | 1.49 | 117 |
| 31 | | 7 844 | 106 | 82.5 | 470 | 819 | 80.7 | 309 | 52.0 | 14.3 | 36.5 | 4.22 | 21.0 | 4.20 | 10.4 | 1.49 | 10.3 | 1.51 | 115 |
| 32 | | 7 727 | 98.3 | 54.2 | 356 | 745 | 94.0 | 407 | 60.9 | 16.9 | 42.4 | 4.43 | 22.1 | 3.91 | 9.9 | 1.36 | 9.16 | 1.36 | 116 |
| 33 | | 7 027 | 172 | 105 | 117 | 335 | 48.9 | 234 | 53.9 | 15.6 | 40.9 | 5.77 | 30.9 | 6.06 | 16.3 | 2.24 | 14.5 | 1.78 | 41.2 |
| 34 | | 6 566 | 156 | 28.8 | 134 | 370 | 50.8 | 236 | 46.8 | 13.7 | 37.0 | 5.08 | 27.5 | 5.51 | 15.2 | 2.19 | 14.9 | 1.78 | 64.3 |
| 35 | II类 | 11 835 | 310 | 50.4 | 110 | 359 | 55.7 | 282 | 79.1 | 26.1 | 73.3 | 10.1 | 55.3 | 10.3 | 28.1 | 4.02 | 25.5 | 3.29 | 44.0 |
| 36 | | 9 708 | 160 | 48.9 | 277 | 680 | 83.8 | 382 | 68.9 | 18.4 | 48.8 | 5.84 | 30.2 | 5.83 | 15.0 | 2.18 | 12.9 | 1.67 | 71.5 |
| 37 | | 13 427 | 142 | 61.1 | 265 | 689 | 77.5 | 321 | 61.9 | 16.8 | 43.3 | 5.39 | 26.9 | 5.26 | 13.3 | 1.61 | 10.9 | 1.40 | 63.5 |
| 38 | | 10 664 | 184 | 114 | 325 | 740 | 94.8 | 442 | 79.7 | 21.7 | 58.6 | 6.93 | 34.7 | 6.50 | 17.3 | 2.19 | 13.1 | 1.71 | 31.6 |
| 39 | | 9 304 | 184 | 49.7 | 240 | 601 | 82.4 | 380 | 72.1 | 20.0 | 52.9 | 6.85 | 35.8 | 6.55 | 19.0 | 2.62 | 17.7 | 2.20 | 72.4 |
| 40 | | 13 160 | 185 | 69.7 | 491 | 1 011 | 125 | 541 | 91.2 | 23.3 | 61.6 | 7.51 | 35.8 | 6.35 | 17.8 | 2.32 | 13.8 | 2.03 | 89.1 |
| 41 | | 10 182 | 272 | 38.9 | 193 | 526 | 75.2 | 345 | 75.5 | 24.3 | 63.7 | 8.79 | 46.9 | 9.08 | 24.2 | 3.13 | 22.7 | 2.98 | 49.9 |
| 42 | | 12 233 | 322 | 69.8 | 451 | 1013 | 132 | 587 | 118 | 33.4 | 91.8 | 11.5 | 59.7 | 10.4 | 27.8 | 3.65 | 23.9 | 2.81 | 42.3 |
| 43 | | 8 647 | 158 | 40.6 | 205 | 487 | 69.2 | 317 | 59.6 | 17.1 | 43.7 | 5.30 | 30.1 | 5.49 | 16.4 | 2.26 | 16.2 | 1.98 | 98.3 |
| 44 | | 11 430 | 231 | 54.7 | 322 | 686 | 98.3 | 419 | 80.7 | 23.8 | 65.6 | 8.46 | 44.1 | 8.21 | 22.8 | 2.91 | 19.6 | 2.45 | 46.7 |
| 45 | | 10 648 | 151 | 52.2 | 252 | 466 | 60.5 | 252 | 44.7 | 12.5 | 35.2 | 4.62 | 24.5 | 4.39 | 12.7 | 1.80 | 11.7 | 1.47 | 37.2 |
| 46 | | 9 445 | 135 | 51.6 | 322 | 673 | 86.7 | 369 | 65.0 | 17.5 | 43.4 | 5.02 | 26.0 | 4.67 | 11.9 | 1.57 | 10.2 | 1.32 | 40.5 |
| 47 | | 9 361 | 194 | 47.9 | 324 | 687 | 90.3 | 415 | 75.2 | 21.7 | 56.5 | 6.94 | 36.4 | 7.02 | 18.0 | 2.44 | 15.0 | 1.87 | 47.4 |
| 48 | | 9 671 | 161 | 50.4 | 290 | 658 | 87.7 | 404 | 71.4 | 20.9 | 51.4 | 5.99 | 30.1 | 5.48 | 13.3 | 1.94 | 10.6 | 1.35 | 28.6 |

注：$\delta Eu = Eu_{cn}/(0.5Sm_{cn}+0.5Gd_{cn})$，$\delta Ce = Ce_{cn}/(0.5La_{cn}+0.5Pr_{cn})$。

Ⅰ类方解石的电子探针数据为：CaO(52.1%～55.4%)、MgO(≤0.3%)、SrO(0.5%～0.8%)、FeO(0.2%～2.1%)和 MnO(0.2%～1.4%)。Ⅱ类方解石的电子探针数据为：CaO(52.9%～55.3%)、MgO(≤0.4%)、SrO(0.8%～1.2%)、FeO(0.3%～1.0%)、MnO(0.5%～1.1%)。Ⅱ类方解石(6 656～13 427 ppm，平均为 9 865 ppm)具有比Ⅰ类方解石(3 646～7 315 ppm，平均为5 739 ppm)显著更高的 Sr 元素含量，且其 Sr 含量变化范围更广。两类方解石所含的其他大离子亲石元素均比 Sr 元素低几个数量级。例如，两种方解石的Ba 元素(Ⅰ类≤38.6 ppm，Ⅱ类≤114 ppm)明显低于 Sr 元素含量，Rb 和 U 元素异常亏损。所有方解石的高场强元素(如 Nb、Ta、Zr、Hf 和 Th)含量均极低(部分甚至低于检测限)。

两类方解石具有相对较高的总 REE($\sum$REE)元素含量。其中，Ⅱ类方解石的 $\sum$REE 含量(922～2 567 ppm，平均为 1 544 ppm)明显高于Ⅰ类方解石(226～627 ppm，平均为 362 ppm)。两类方解石的轻稀土元素均比重稀土元素更为富集，大多数方解石的 REE 含量以 Ce>Nd>La>Pr>Sm 为主。两类方解石的球粒陨石标准化 REE 配分曲线具有明显的负斜率[两类方解石的(La/Yb)$_{cn}$值分别为 1.45～5.15 与 3.09～32.6]，且相对平滑[图 4-16(a)]，无明显的 Eu 异常(两类方解石的 δEu 值分别为 0.94～1.09 与 0.89～1.04)。

为与方解石元素地球化学特征进行综合对比，利用 LA-ICP-MS 手段对与Ⅱ类方解石共生的氟碳铈矿进行 REE 元素含量测试。结果表明，氟碳铈矿强烈富集轻稀土元素，轻稀土元素含量是重稀土元素的 518～747 倍，这也得到了氟碳铈矿较高(La/Yb)$_{cn}$值(116 325～225 392，平均为 152 991)的支持。氟碳铈矿的球粒陨石标准化 REE 配分曲线"右倾"，斜率变化相对较缓[图 4-16(b)]。

### 4.4.3　原位 Sr 同位素特征

本次研究对两类方解石开展了原位 Sr 同位素测试，测试结果见表 4-4。由于被测试的方解石 Sr 极高(>5 000 ppm)且 Rb 含量极低(<1 ppm)，测得的$^{87}$Sr/$^{86}$Sr 比值与其初始 Sr 元素比值高度相似。结果表明，两类方解石均具有较高的放射性 Sr 同位素，其变化范围较小。Ⅰ类方解石的($^{87}$Sr/$^{86}$Sr)$_i$ 比值为0.705 9～0.706 0(平均为 0.706 0)，Ⅱ类方解石的比值为 0.705 9～0.706 8(平均为 0.706 1)。

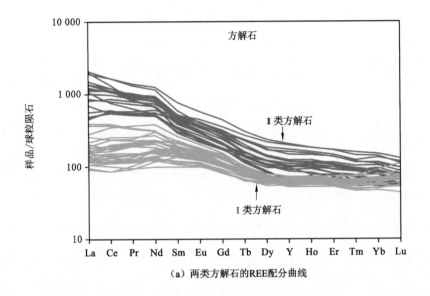

（a）两类方解石的REE配分曲线

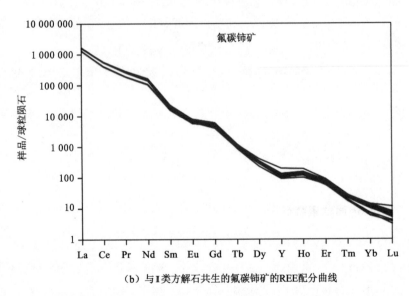

（b）与Ⅰ类方解石共生的氟碳铈矿的REE配分曲线

图 4-16　大陆槽矿床方解石和氟碳铈矿的球粒陨石标准化 REE 配分曲线

表 4-4　大陆槽方解石原位 Sr 同位素数据测试结果

| 样品打点 | 方解石 | Sr/ppm | $^{87}Sr/^{86}Sr$ | $2\sigma$ | $^{84}Sr/^{86}Sr$ | $2\sigma$ | $(^{87}Sr/^{86}Sr)_i$ |
|---|---|---|---|---|---|---|---|
| DLC-2-Cal-@1 | I 类 | 6 095 | 0.706 0 | 0.000 03 | 0.056 0 | 0.000 02 | 0.706 0 |
| DLC-2-Cal-@2 | | 5 734 | 0.706 0 | 0.000 03 | 0.055 9 | 0.000 02 | 0.706 0 |
| DLC-2-Cal-@3 | | 5 467 | 0.706 0 | 0.000 07 | 0.055 9 | 0.000 02 | 0.706 0 |
| DLC-4-Cal-@2 | | 6 066 | 0.706 0 | 0.000 03 | 0.055 9 | 0.000 02 | 0.706 0 |
| DLC-4-Cal-@3 | | 5 322 | 0.706 0 | 0.000 03 | 0.056 0 | 0.000 02 | 0.706 0 |
| DLC-4-Cal-@4 | | 6 383 | 0.705 9 | 0.000 03 | 0.056 0 | 0.000 02 | 0.705 9 |
| DL-6-1-Cal-@1 | | 6 034 | 0.705 9 | 0.000 03 | 0.055 9 | 0.000 02 | 0.705 9 |
| DL-6-1-Cal-@3 | | 5 899 | 0.706 0 | 0.000 08 | 0.055 9 | 0.000 03 | 0.706 0 |
| DL-6-1-Cal-@4 | | 5 792 | 0.705 9 | 0.000 03 | 0.056 0 | 0.000 02 | 0.705 9 |
| DL-8-2-Cal-@1 | | 6 101 | 0.705 9 | 0.000 02 | 0.055 9 | 0.000 01 | 0.705 9 |
| DL-8-2-Cal-@3 | | 6 800 | 0.706 0 | 0.000 04 | 0.056 2 | 0.000 02 | 0.706 0 |
| DL-8-2-Cal-@4 | | 5 723 | 0.706 0 | 0.000 04 | 0.056 1 | 0.000 02 | 0.706 0 |
| DLC-7-Cal-@1 | II 类 | 11 118 | 0.705 9 | 0.000 02 | 0.056 0 | 0.000 01 | 0.705 9 |
| DLC-7-Cal-@2 | | 7 310 | 0.705 9 | 0.000 03 | 0.056 0 | 0.000 02 | 0.705 9 |
| DLC-7-Cal-@3 | | 7 844 | 0.706 0 | 0.000 10 | 0.055 9 | 0.000 03 | 0.706 0 |
| DLC-13-Cal-@1 | | 11 835 | 0.706 8 | 0.000 17 | 0.058 6 | 0.000 14 | 0.706 8 |
| DLC-13-Cal-@2 | | 9 708 | 0.706 6 | 0.000 25 | 0.059 7 | 0.000 21 | 0.706 6 |
| DLC-13-Cal-@3 | | 13 427 | 0.706 0 | 0.000 10 | 0.054 0 | 0.000 07 | 0.706 0 |
| DLC-13-Cal-@4 | | 10 664 | 0.705 9 | 0.000 03 | 0.056 1 | 0.000 02 | 0.705 9 |
| DLC-15-Cal-@2 | | 10 182 | 0.706 0 | 0.000 04 | 0.056 3 | 0.000 03 | 0.706 0 |
| DLC-15-Cal-@3 | | 12 233 | 0.705 9 | 0.000 03 | 0.055 9 | 0.000 01 | 0.705 9 |
| DLC-15-Cal-@5 | | 11 430 | 0.705 9 | 0.000 03 | 0.056 0 | 0.000 01 | 0.705 9 |
| DL-9-3-Cal-@1 | | 10 648 | 0.706 1 | 0.000 05 | 0.056 3 | 0.000 04 | 0.706 1 |
| DL-9-3-Cal-@2 | | 9 445 | 0.706 0 | 0.000 03 | 0.056 0 | 0.000 02 | 0.706 0 |
| DL-9-3-Cal-@3 | | 9 361 | 0.705 9 | 0.000 03 | 0.056 1 | 0.000 02 | 0.705 9 |

## 4.4.4　指示意义

### 4.4.4.1　对方解石成因的启示

本研究首先对大陆槽方解石与来自全球范围内其他成矿(如中国的牦牛坪)和无矿碳酸岩杂岩体(如美国 Bear Lodge 和 Magnet Cove,加拿大的 Aley 和俄罗斯 Tury-Mys)方解石的 REE 元素配分形式进行了综合对比。此处"成矿"或"无矿"的分类是基于碳酸岩杂岩体中是否赋存明显的、具有工业开采价值的 REE 矿脉。对比结果显示,大陆槽方解石和 Aley 方解石的某些 REE 元素比值变化[如 4-17(a)~(c)中显示的$(La/Yb)_{cn}$与 Y/Ho、$\sum$REE$(La/Yb)_{cn}$、$\delta$Ce 与 $\delta$Eu]相似,但明显区别于其他碳酸岩中方解石的相关比值范围。这表明某些 REE 元素(如 La、Ce、Yb、Eu、Y、Ho 及其导出的参数)对结晶条件的氧化还原条件敏感,可作为方解石矿物的成因指标。大陆槽和牦牛坪碳酸岩中方解石的 REE 元素配分形式具有负斜率且相对光滑[图 4-17(d)],与其他贫瘠碳酸岩中的火成方解石在视觉上类似(Bear Lodge 的热液和表生方解石除外)。与贫瘠碳酸岩相比,具有最高 $\sum$REE 含量是成矿碳酸岩中方解石的重要诊断属性[图 4-17(d)]。这一观察结果得到如下认识的支持:形成 REE 矿脉的碳酸岩体系活化运移了大量 REE 元素(Liu et al. ,2017),并导致 REE 元素在方解石中的富集。

由于方解石晶体易遭受热液蚀变,区分不同类型方解石的成因需综合考虑矿物学结构和化学成分。由于 Y(1.019Å)和 Ho(1.015Å)元素具有相似的离子半径和电负性,二者之间的分馏过程往往不受岩浆过程的干扰,因此 Y/Ho 比值可用于确定不同类型的方解石是否具有同源性。大陆槽方解石和氟碳铈矿的 Y/Ho 比值约为 28,其 Y 与 Y/Ho 投点主要位于原始地幔区域内[图 4-18(a)],表明大陆槽方解石的起源与碳酸岩岩浆-热液系统密切有关,与表生和蚀变方解石的起源显著不同。因此,认为大陆槽两类方解石起源于碳酸岩岩浆-热液体系演化的不同阶段。

本书认为Ⅰ类方解石代表了起源于初始碳酸盐熔体的早期结晶相,证据如下:① 它们表现出均匀的结构纹理,呈自行粒状结构,通常与粗粒萤石和石英相伴生,这些特征与碳酸岩早期岩浆作用的矿物结晶条件一致(Bühn et al. ,1999);② 它们具有相对较低的 Sr(3 646~7 315 $\mu$g/g)、Ba(8.72~38.5 ppm)和 $\sum$REE(226~627 ppm)含量,与岩浆早期结晶方解石的成分特征一致(Chakhmouradian et al. ,2016);③ 它们显示出相对平缓的 REE 元素配分形式[图 4-16(a)],具有较低的$(La/Yb)_{cn}$值(1.45~5.15);④ 它们具有相对接近的 $\delta$Ce 值(0.98~1.04),并展现出轻微的 Eu 亏损($\delta$Eu 为 0.89~0.93)。Ⅱ类方解石被认为与碳酸岩熔体衍生热液流体的叠加作用有关。此类方解石通常呈长条形且具有轻微波状消光,与氟碳铈矿矿物表面紧密接触(表现为重叠、填充或切割等关系),这是热液成因方解石的典型特征。此外,与Ⅰ类方解石相比,Ⅱ类方解石具有较高的 Sr(6 566~13 427 ppm)、Ba(28.8~114 ppm)和 $\sum$REE(922~2 567 ppm)

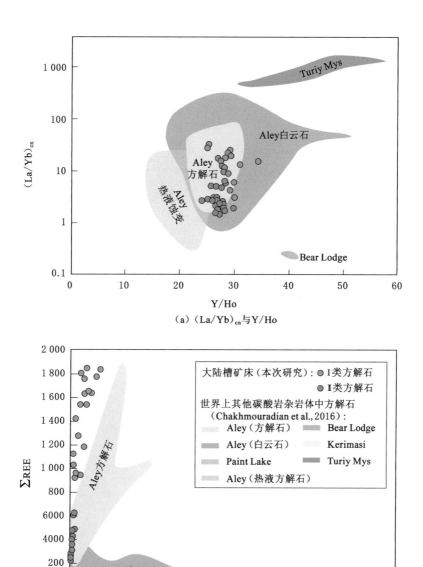

（a）(La/Yb)$_{cn}$与 Y/Ho

（b）$\sum$REE 与 (La/Yb)$_{cn}$

图 4-17　大陆槽方解石与其他碳酸岩中方解石 REE 元素成分的综合对比

（牦牛坪方解石引自 Liu et al.，2019a；其余方解石数据引自 Chakhmouradian et al.，2016）

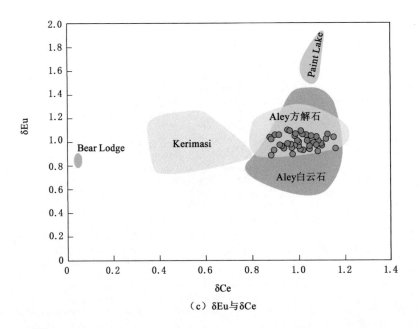

（c）δEu与δCe

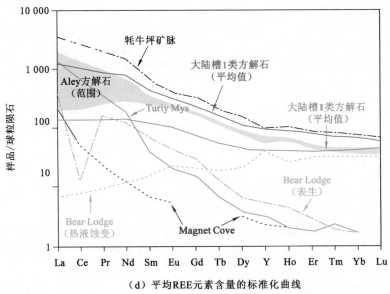

（d）平均REE元素含量的标准化曲线

图 4-17 （续）

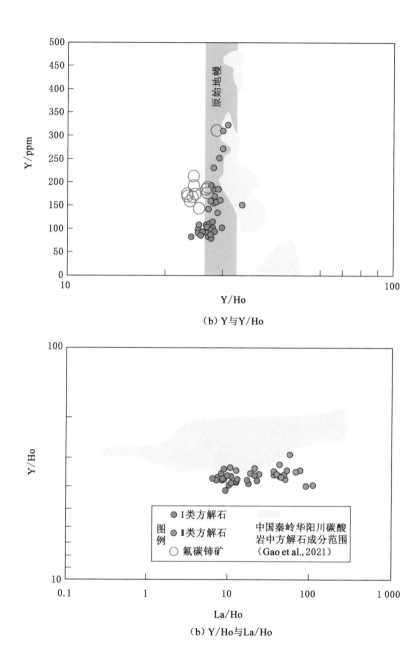

（b）Y 与 Y/Ho

（b）Y/Ho 与 La/Ho

图 4-18　大陆槽两类方解石某些关键微量元素的相关性图解

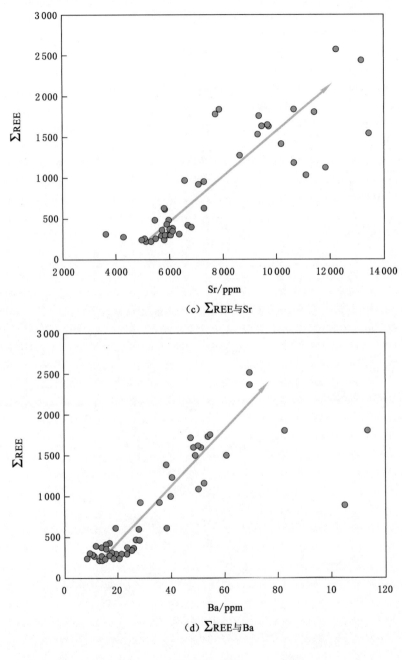

（c）ΣREE与Sr

（d）ΣREE与Ba

图 4-18 （续）

含量,可由"方解石矿物表面暴露于富含 REE 的流体"合理解释。两类方解石的 La/Ho 值存在显著差异,La/Ho 变化范围约为 Y/Ho 的 4 倍[图 4-18(b)]。 Y/Ho 与 La/Ho 呈近水平相关[图 4-18(b)],与秦岭北部华阳川碳酸岩中方解石的观察结果一致(Gao et al.,2021),暗示了从 I 类到 II 类方解石结晶环境中碳酸岩体系的逐渐演化过程,该过程表现为 $\sum$ REE 与 Sr 或 Ba 的协变增加,如图 4-18(c)、(d)中的阴影箭头所示。

#### 4.4.4.2　对地幔交代作用的指示

大陆槽碳酸岩杂岩体中方解石均有变化范围狭窄的($^{87}$Sr/$^{86}$Sr)$_i$ 值(两类方解石分别为 0.705 9～0.706 0 和 0.705 9～0.706 8),暗示两类方解石的 Sr 同位素组成具有显著的一致性。尽管岩浆期后流体的热液蚀变作用通常被认为是导致成岩体系中同位素变化的重要因素(Bizzarro et al.,2003),但本书认为其对大陆槽碳酸岩体系中 Sr 同位素变化的影响较小,这是由于:① 碳酸岩岩浆由于具有较低的密度和黏度而向地表快速运移(Bell et al.,2010);② 碳酸岩岩浆具有明显的幔源特征,以 Sr 元素富集为特征(Hou et al.,2006)。上述特性有效地减轻或缓冲了热液作用对碳酸岩体系中 Sr 同位素的影响。因此,本书认为两类方解石中 Sr 同位素组成的"相互接近"乃是继承关系(而非突变),这为厘清它们的地幔源区特征提供了重要见解。这些方解石展现出高放射性的($^{87}$Sr/$^{86}$Sr)$_i$ 比值(所有方解石均大于 0.705 9),数据点均位于($^{87}$Sr/$^{86}$Sr)$_i$ 与 Sr 二元图中富集地幔 I(EM I)和富集地幔 II(EM II)端元之间[图 4-19(a)]。通常,碳酸岩中方解石的高 Sr 同位素比值被解释为地壳同化(Rudnick et al.,2003)或沉积污染(Demény et al.,1998)。然而,下列证据反驳了大陆槽方解石起源的地壳同化假说:① 地壳同化无法解释这些方解石中的高 $\sum$ REE(>5 000 ppm),因为高 Sr浓度可以有效减轻地壳同化对 $^{87}$Sr/$^{86}$Sr 值的影响(Bell et al.,2010);② Pb 同位素是地壳同化最敏感的指标,前人研究表明大陆槽碳酸岩中方解石的 Pb 同位素组成相对均一($^{206}$Pb/$^{204}$Pb 为 18.23～18.27,2015),不符合地壳同化作用的典型特征。

因此,本书认为大陆槽碳酸岩中高放射性 Sr 同位素表明其岩浆源区受到沉积物污染的影响。考虑到从俯冲带物质中溶解出的流体或熔体是地幔交代作用的最重要介质(Weng et al.,2021),本书提出沉积物污染的贡献源可能主要来自板块俯冲期间的远洋沉积物。首先,大陆槽碳酸岩含有大量 REE 元素,轻稀土元素比重稀土元素更为富集。最近研究发现,远洋沉积物中 REE 元素(可能来源于海底生物的遗骸)显著富集(Kato et al.,2011),因此其对地幔组分的交代混染可以产生富含 REE 元素的初始碳酸熔体。其次,远洋沉积物富含大离子

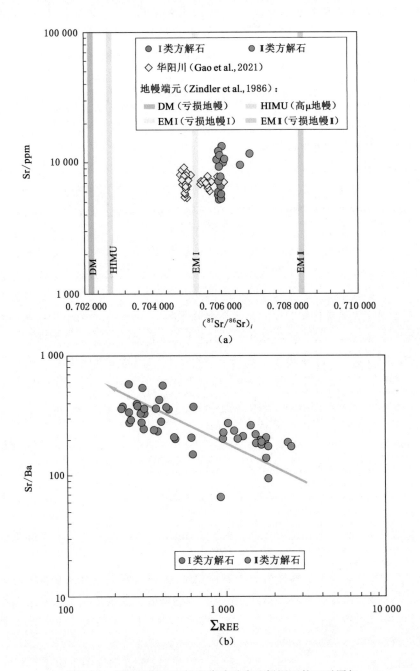

图 4-19　反映远洋沉积物交代碳酸岩地幔源区的二元图解

亲石元素,其 Sr/Ba 比值(而非 Rb/Sr 比值)可用作一级近似值以反映沉积物中 REE 元素含量(Dasgupta et al.,2009)。由于 Sr 和 Ba 元素的地球化学行为相似,被远洋沉积物交代的地幔所衍生出的碳酸盐质熔体理论上应表现出与俯冲沉积物相似的 Sr/Ba 比率。两类方解石的 Sr/Ba 与 $\sum$REE 均显示显著的负相关关系[图 4-19(b)],表明俯冲远洋沉积物中碳酸盐/热液相的比例影响了碳酸岩熔体中 REE 元素含量。再次,俯冲远洋沉积物具有高放射性的 $^{87}Sr/^{86}Sr$ 比值,该 Sr 同位素特征与洋底软泥、铁氧化物等物质有关,且可在漫长的地质年代中稳定存在。

综上所述,衍生大陆槽碳酸岩岩浆的地幔组分经历了远洋沉积物的交代作用,该过程可在板块俯冲期间将大量 REE 元素引入地幔组分从而显著提升碳酸岩岩浆的 REE 元素肥沃性。上述观点也得到了前人报道的大陆槽碳酸岩 Li 同位素数据的支持($\delta^7Li$ 为 $-4.5‰\sim+10.8‰$),该数据反映了地幔组分与俯冲带物质的明显混合。

### 4.4.4.3　对地幔部分熔融的指示

碱性硅酸岩岩浆的分离结晶作用是导致碳酸岩形成的重要机制之一(Veksler et al.,1998),该过程促使碳酸岩岩浆成分的渐进式演化,即从早期的方解石碳酸岩到晚期的白云石碳酸岩或铁白云石碳酸岩的逐渐过渡(Bell et al.,2004)。然而,下列证据反驳了大陆槽碳酸岩杂岩体成因机制的分解结晶假说:① 大陆槽碳酸岩中的主要碳酸盐矿物为方解石,而镁碳酸盐矿物(如白云石或铁白云石)含量极少;② 橄榄石通常被认为是结晶分离作用的关键指示性矿物(Hou et al.,2018),在大陆槽碳酸岩杂岩体中并未发现。相反,作为幔源岩石典型代表的碳酸岩通常被认为起源于上地幔的低程度部分熔融(熔融比例通常<1%),具有此种起源特征的碳酸岩通常表现出高硅特征(Harmer et al.,1998),而大陆槽碳酸岩中硅酸盐矿物的广泛存在支持了地幔部分熔融假说。

本书认为大陆槽碳酸岩杂岩体是从石榴石稳定区的地幔源区衍生而来,证据如下:① 金云母是石榴石稳定区地幔衍生熔体的特征矿物(Chen et al.,2013),在大陆槽碳酸岩杂岩体中十分丰富;② 石榴石稳定区地幔的部分熔融所产生的熔体通常具有较高的 Dy/Yb 比值(>2.5),而尖晶石稳定区地幔的部分熔融所产生的熔体则具有较低的 Dy/Yb 比值(<1.5)。前人研究表明大陆槽碳酸岩杂岩体的 Dy/Yb 比值为 3.0~3.4(Hou et al.,2006),从而指示了位于石榴石稳定区的大陆槽碳酸岩地幔源区。石榴石地幔稳定区对应于约 2.0 GPa 的压力(相当于 70~80 km 的深度),方能显著降低地幔固相线温度(至少降低 300 ℃),从而产生富含碳酸盐质熔体(Bell et al.,2010)。这一观点得到了前人

报道的大陆槽碳酸岩的 C-O 同位素数据的支持,数据显示大陆槽碳酸岩的 $\delta^{13}C_{V-PDB}$ 值变化范围狭窄,与未发生 REE 矿化碳酸岩(如格陵兰和北美的碳酸岩)明显不同,而与发生 REE 矿化碳酸岩(中国秦岭华阳川碳酸岩)相似。

# 第5章　成矿机制探讨

## 5.1　地球动力学背景

里庄和大陆槽矿床在构造上位于扬子克拉通西缘，一般认为克拉通边缘往往会经历大洋板块的俯冲改造（Hou et al.，2006，2009）。事实上，新元古代时期持续俯冲的特提斯洋岩石圈地幔插入扬子克拉通之下（Guo et al.，2004），并在青藏高原东缘形成长约 1 000 km 的新元古代岩浆弧（Sun et al.，2009）。俯冲过程在碳酸岩型稀土矿床的形成中是重要的，因为大量研究工作早已证明了洋壳沉积物中含有很高浓度的稀土元素（Kato et al.，2011；王汾连 等，2016），尤其是洋壳沉积物中的含稀土元素和 $CO_2$ 的流体很可能在板片俯冲过程中对次大陆岩石圈地幔施加交代改造（Hou et al.，2015）。

新生代时期青藏高原东缘的碰撞造山过程使得古俯冲带上方克拉通边缘厚度增加，并导致侧向非均一性（Griffin et al.，2013），软流圈的上涌触发富集岩石圈地幔的部分熔融（Xu et al.，2014），由此而产生的岩浆沿着克拉通边缘的跨岩石圈断层上升并侵位于浅地表。岩浆活动的早晚不一导致沿着走滑断裂运移的距离也各有不同，以里庄为代表（还包括牦牛坪和木落寨）的岩浆活动时间较早、运移较远，最终在冕宁-德昌地区北部形成碳酸岩-碱性岩杂岩体及相关的稀土矿床，而时间较晚、运移较近的岩浆（及相关的热液活动）则形成大陆槽矿床（田世洪 等，2008），这也是为何从矿带南部到北部成岩成矿时间逐渐变老的原因。

## 5.2　成矿物质来源

附表3和附表4分别总结了已报道的里庄和大陆槽矿床 C-O 同位素（杨光明 等，1998；Hou et al.，2006，2015；Liu et al.，2015b；Jia et al，2019）和 Sr-Nd-Pb 同位素数据（Hou et al.，2006，2015；Jia et al.，2019）。本书对这些数据进行了有效性分析和总结，并援引全球范围内其他碳酸岩杂岩体的相关数据作为对比，以约束里庄和大陆槽矿床的成矿物质来源。

### 5.2.1　C-O同位素

附表 3 列出了里庄和大陆槽矿床碳酸岩、碳酸岩中方解石和氟碳铈矿的 C-O 同位素数据。数据显示,两个矿床碳酸岩的 C-O 同位素值(里庄:$\delta^{18}O_{V-SMOW}$ 值为 8.1‰~8.8‰,$\delta^{13}C_{V-PDB}$ 值为 $-6.5‰~-4.5‰$;大陆槽:$\delta^{18}O_{V-SMOW}$ 值为 7.6‰~9.8‰,$\delta^{13}C_{V-PDB}$ 值为 $-8.3‰~-5.9‰$),分别与碳酸岩中的方解石(里庄:$\delta^{18}O_{V-SMOW}$ 值为 8.7‰~9.6‰,$\delta^{13}C_{V-PDB}$ 值为 $-4.7‰~-4.4‰$;大陆槽:$\delta^{18}O_{V-SMOW}$ 值为 6.7‰~8.5‰,$\delta^{13}C_{V-PDB}$ 值为 $-8.8‰~-7.2‰$)相似。与牦牛坪矿床碳酸岩(或分离的方解石)较均一的 C-O 同位素数据(图 5-1 中黄色区域)相比,里庄和大陆槽碳酸岩(或分离的方解石)C-O 同位素数据成分变化更大,尤其是 $\delta^{13}C_{V-PDB}$ 同位素数据涵盖了更广的成分范围,这可能与里庄和大陆槽碳酸岩岩浆演化过程中的高温分馏作用有关(Hou et al.,2009)。牦牛坪碳酸岩(或分离的方解石)C-O 同位素数据全都位于原生碳酸岩范围之内(Taylor et al.,1967),而少量里庄和大陆槽样品的 C-O 同位素投点落于原生碳酸岩范围之外。相比于前寒武纪及显生宙灰岩(Bell et al.,2010)和全球范围内其他无矿或贫矿碳酸岩杂岩体(如格陵兰岛碳酸岩、欧洲碳酸岩、北美碳酸岩和西天山阿吾拉勒山碳酸岩;Yang et al.,2014),里庄和大陆槽碳酸岩(或分离的方解石)的 $\delta^{13}C_{V-PDB}$ 和 $\delta^{18}O_{V-SMOW}$ 同位素成分均明显更低,接近于幔源大洋玄武岩(Bell et al.,2010)的成分领域(图 5-1)。

尽管里庄和大陆槽氟碳铈矿的 $^{13}C_{V-PDB}$ 值(里庄:$-6.9‰~-6.7‰$;大陆槽:$-8.7‰~-8.1‰$)接近碳酸岩(或分离的方解石),但氟碳铈矿的 $\delta^{18}O_{V-SMOW}$ 值(里庄:11.9‰~12.3‰;大陆槽:10.1‰~11.6‰)则显著高于碳酸岩(或分离的方解石)(附表 3、图 5-1)。显然,O 同位素从碳酸岩→氟碳铈矿增加必须得益于具有更高 O 同位素组成的其他组分的贡献。碳酸岩和富水岩浆流体之间的低温同位素交换将导致碳酸岩的 O 同位素值正增长,因此,从碳酸岩→氟碳铈矿的 O 同位素值可能早已改变。然而,这种变化是很微弱的,不足以支撑这么显著的变化值。另外,大气降水对 O 同位素组成变化的贡献可以直接排除,因为大气降水的流入会降低 O 同位素值。变质水、地层水以及低温同位素交换对 O 同位素增长的贡献是可能的,但不是最主要的原因。结合成矿流体体系的成分,$CO_2$ 挥发分对 O 同位素增长的贡献不能忽略。考虑到 $CO_2$ 在早期侵位过程中倾向于从岩浆中溶出(Lowenstern,2001),一种合理的解释是里庄和大陆槽矿床成矿流体中的 $CO_2$ 可能是由寄主碳酸岩脱碳化作用产生的。然而,对这个问题的进一步解释已经超出了本书的研究范围,目前正在进行相关的工作。碳酸岩的脱碳化作用(可能还会产生 $H_2O$)会产生大量 $CO_2$ 挥发分,从而形成同时

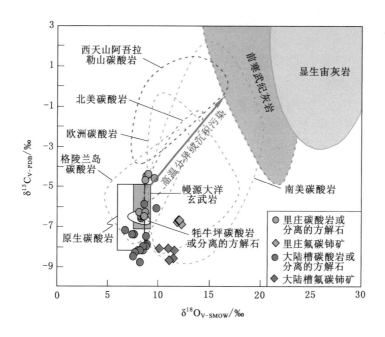

图 5-1　里庄和大陆槽矿床碳酸岩（或分离的方解石）与氟碳铈矿的 C-O 同位素图解

含有 $CO_2$ 和 $H_2O$ 的液相，这也是含 $CO_2$ 包裹体被大量捕获的原因。流体的 O 同位素组成取决于体系中存在的 $CO_2$ 量，而 $CO_2$ 可能会随着矿化过程而不断变化。在没有与大气降水反应的状况下，脱碳化作用产生的 $CO_2$ 将会显示出相对较高的 O 同位素值。因此，结合石英的 H-O 同位素数据，氟碳铈矿晶体总的 O 同位素组成可能归功于岩浆水、外部流体和 $CO_2$ 挥发分，其中 $CO_2$ 挥发分是氟碳铈矿晶体 O 同位素增加的主要潜在贡献者。

图 5-1 中，底图据 Yang 等（2014）修改。全球范围内碳酸岩和灰岩（Bell et al.，2010）作为对比。原生碳酸岩 C-O 同位素区域据 Taylor 等（1967），幔源大洋玄武岩（粉红色区域）据 Bell 等（2010），灰色箭头代表 C-O 同位素发生"漂移"的可能原因（Hoernle et al.，2002），牦牛坪碳酸岩或分离的方解石（黄色区域）据 Hou 等（2015），中国西天山阿吾拉勒山碳酸岩据 Yang 等（2014）。里庄和大陆槽矿床 C-O 同位素据杨光明等（1998）、Hou 等（2006，2015）、Liu 等（2015b）和 Jia 等（2019），用于制作图件的原始数据值见附表 3。

## 5.2.2　Sr-Nd 同位素

附表 4 列出了里庄和大陆槽矿床碳酸岩、碳酸岩中方解石和氟碳铈矿的 Sr-

Nd 同位素,图 5-2 对两个矿床进行了 Sr-Nd 同位素投图,并援引青藏高原东缘
新生代钾质岩石(Guo et al.,2004)、华北克拉通东缘中生代玄武岩(Zhang et
al.,2002)、全球海洋沉积物(Plank et al.,1998),以及全球范围内其他碳酸岩如
牦牛坪碳酸岩(Hou et al.,2015)、白云鄂博碳酸岩(Yang et al.,2011)、莱芜碳
酸岩(Ying et al.,2004)、东非碳酸岩(Bell et al.,1987)、北美碳酸岩(Castor,
2008)、巴西碳酸岩(Morogan et al.,1988)、印度碳酸岩(Simonetti et al.,1995)
的 Sr-Nd 同位素区域作为对比。

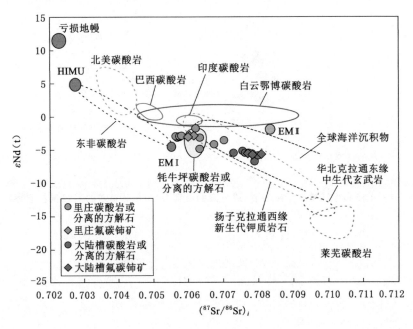

图 5-2  里庄和大陆槽矿床碳酸岩(或分离的方解石)与氟碳铈矿的 Sr-Nd 同位素图解

图 5-2 中,底图据 Hou 等(2015)修改。全球范围内其他碳酸岩如牦牛坪
(Hou et al.,2015)、白云鄂博(Yang et al.,2011)、莱芜(Ying et al.,2004)、东
非(Bell et al.,1987)、北美(Castor,2008)、巴西(Morogan et al.,1988)、印度
(Simonetti et al.,1995)以及青藏高原东缘新生代钾质岩石(Guo et al.,2004)、
华北克拉通东缘中生代玄武岩(Zhang et al.,2002)和全球海洋沉积物(Plank et
al.,1998)的 Sr-Nd 同位素区域作为对比。亏损地幔、HIMU(高 μ 地幔)、EM I
(富集地幔 I)和 EM II(富集地幔 II)据 Zindler 等(1986)。里庄和大陆槽矿床
Sr-Nd 同位素据 Hou 等(2006,2015)和 Jia 等(2019),用于制作图件的原始数据
值见附表 4。

结果显示,里庄和大陆槽矿床的碳酸岩(或分离的方解石)和氟碳铈矿均有负 $\varepsilon Nd(t)$ 值和相对较高的 $(^{87}Sr/^{86}Sr)_i$ 值。里庄碳酸岩(或分离的方解石) $\varepsilon Nd(t)$ 值范围为 $-4.9 \sim -1.8$, $(^{87}Sr/^{86}Sr)_i$ 值范围为 $0.705\ 624 \sim 0.706\ 997$;大陆槽碳酸岩(或分离的方解石) $\varepsilon Nd(t)$ 值范围为 $-6.8 \sim -5.2$, $(^{87}Sr/^{86}Sr)_i$ 值范围为 $0.707\ 266 \sim 0.707\ 962$。两个矿床的氟碳铈矿 Sr[里庄: $(^{87}Sr/^{86}Sr)_i$ 为 $0.705\ 980 \sim 0.706\ 141$;大陆槽: $(^{87}Sr/^{86}Sr)_i$ 为 $0.707\ 675 \sim 0.708\ 055$]和 Nd 同位素[里庄: $\varepsilon Nd(t)$ 为 $-3.1 \sim -2.9$;大陆槽: $\varepsilon Nd(t)$ 为 $-5.8 \sim -5.6$]分别与各自的碳酸岩(或分离的方解石)十分接近。氟碳铈矿与碳酸岩(或分离的方解石) Sr-Nd 同位素组成的一致性(图 5-2),暗示了稀土矿物对碳酸岩的继承性,即稀土成矿物质直接来源于碳酸岩岩浆体系。大陆槽矿床的 Sr 同位素值略高于里庄矿床,后者的 Sr-Nd 同位素组成与牦牛坪矿床重合(Hou et al.,2015)。两个矿的 Sr-Nd 同位素组成明显区别于前人提出的花岗岩中的同位素组成(Galindo et al.,1994;Menuge et al.,1997),也不同于裂谷环境中碳酸岩的同位素组成,一般为正的 $\varepsilon Nd$ 和负的 $\varepsilon Sr$ 值(Bell et al.,1987),暗示了里庄和大陆槽碳酸岩可能不是形成于裂谷环境。里庄和大陆槽矿床所具有的高 $(^{87}Sr/^{86}Sr)_i$ 值和低 $\varepsilon Nd$ 值的特征与 Simonetti 等(1995)报道的印度 Amba Dongar 碳酸岩的 Sr-Nd 同位素特征相似。

里庄和大陆槽碳酸岩的一个显著特征是 Sr-Nd 同位素组成比世界上大多数碳酸岩更具有放射性,高放射性碳酸岩也被发现于其他稀土矿床,如中国内蒙古白云鄂博(Yang et al.,2011)和山东莱芜(Ying et al.,2004)。里庄和大陆槽碳酸岩的 Sr-Nd 同位素组成远离亏损地幔和 HIMU(高 $\mu$ 地幔)组分端元,位于 EM I(富集地幔 I)和 EM II(富集地幔 II)之间,远离东非碳酸岩的 HIMU-EMI 阵列(Bell et al.,1987),靠近海洋沉积物的同位素范围。一般来说,碳酸岩中的低 Nd 和高 Sr 同位素值可归功于以下三个原因:① 地壳物质的混染,如印度 Amba Dongar 碳酸岩(Simonetti et al.,1995)。地壳物质的混染可以提高碳酸岩中的 $^{87}Sr/^{86}Sr$ 值和 Rb/Sr 比值,因为地壳中的 Rb 丰度和 $^{87}Sr/^{86}Sr$ 值均较高(Zhang et al.,2002)。然而,里庄和大陆槽矿床相对较均匀的 Pb 同位素组成(详见 5.2.3 小节)反驳了地壳物质混染的假说,因为 Pb 同位素是地壳物质混染过程中最敏感的指标(Hou et al.,2015)。② 沉积污染,因为具有高 $^{87}Sr/^{86}Sr$ 值(超过 0.712)和高 $\delta^{13}C$(超过 2‰)的海洋沉积物的污染可导致碳酸岩中 $^{87}Sr/^{86}Sr$、 $\delta^{13}C$ 和 $\delta^{18}O$ 值的同步增加。然而,沉积污染不能解释为何里庄和大陆槽矿床碳酸岩具有相似的形成温度(Hou et al.,2006),但大陆槽矿床却有更高的 $(^{87}Sr/^{86}Sr)_i$ 值。③ 地幔源的非均一性,这可能是里庄和大陆槽矿床高放射性 Sr 同位素特征的最好解释,原因如下:a. Tian 等(2015)报道了范围广泛的川西冕宁-德昌稀土矿带碳酸岩和方解石的 Li 同位素组成（$\delta^7$Li：$-4.5\%$～10.8‰），这被解释为是由地幔组分与俯冲洋壳或海洋沉积物混合所导致的。

b. 里庄和大陆槽碳酸岩的 Sr-Nd 同位素组成与来自非均匀富集地幔的新生代钾质火成岩的同位素范围大致重叠（Guo et al.，2004）。

### 5.2.3　Pb 同位素

附表 4 列出了里庄和大陆槽矿床碳酸岩（或分离的方解石）与氟碳铈矿的 Pb 同位素组成，图 5-3 对两个矿床进行了 Pb 同位素投图，并将之与牦牛坪碳酸岩（Hou et al.，2015）、东非碳酸岩（Bell et al.，2001）、青藏高原东缘新生代钾质岩（Guo et al.，2004）以及 Zindler 等（1986）报道的常见地幔端元组分（如亏损地幔、HIMU、EM Ⅰ 和 EM Ⅱ）的 Pb 同位素数据作为对比。

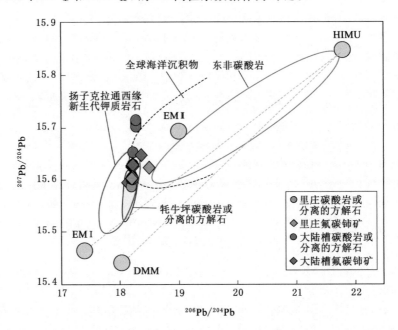

图 5-3　里庄和大陆槽矿床碳酸岩（或分离的方解石）与氟碳铈矿的 Pb 同位素图解

图 5-3 中，底图据 Hou 等（2015）修改。牦牛坪碳酸岩或分离的方解石（Hou et al.，2015）、东非碳酸岩（Bell et al.，2001）和全球海洋沉积物（Plank et al.，1998）的 Pb 同位素作为对比。青藏高原东缘新生代钾质岩石据 Guo 等（2004），亏损地幔、HIMU（高 $\mu$ 地幔）、EM Ⅰ（富集地幔Ⅰ）和 EM Ⅱ（富集地幔Ⅱ）据 Zindler 等（1986）。里庄和大陆槽矿床 Sr-Nd 同位素据 Hou 等（2006，2015）和 Jia 等（2019），用于制作图件的原始数据值见附表 4。

总体来说,里庄和大陆槽矿床碳酸岩(或分离的方解石)的 Pb 同位素组成具有明显的放射性成因特征,Pb 同位素投点在 EM I(富集地幔 I)与 EM II(富集地幔 II)组分之间,但倾向于靠近全球海洋沉积物(Plank et al.,1998),暗示了初始岩浆富集过程中洋壳物质的潜在混入。里庄和大陆槽矿床碳酸岩(或分离的方解石)具有范围广泛的 $^{207}Pb/^{204}Pb$(里庄:15.587 3~15.604 3;大陆槽:15.623 5~15.713 0)和 $^{208}Pb/^{204}Pb$(里庄:38.357 0~38.434 0;大陆槽:38.613 0~39.066 0)比值。然而,两个矿床碳酸岩(或分离的方解石)的 $^{206}Pb/^{204}Pb$ 相对均匀(里庄:18.190 5~18.220 1;大陆槽:18.205 0~18.272 0),比世界上绝大部分无矿碳酸岩如东非碳酸岩(Bell et al.,2001)的 $^{206}Pb/^{204}Pb$ 更低。因而,里庄和大陆槽(或分离的方解石)$^{207}Pb/^{204}Pb$ 与 $^{206}Pb/^{204}Pb$ 投点在图 5-3 产生较狭窄的范围。两个矿床氟碳铈矿的 $^{207}Pb/^{204}Pb$(里庄:15.602 1~15.622 8;大陆槽:15.594 1~15.646 4)与 $^{206}Pb/^{204}Pb$(里庄:18.201 9~18.494 5;大陆槽:18.133 8~18.359 1)比值与各自的碳酸岩(或分离的方解石)均较为接近,因而在图 5-3 上的投点范围大部分重叠。碳酸岩(或分离的方解石)与氟碳铈矿相似的 Pb 同位素组成暗示了二者的同源性。

# 5.3  霓长岩化作用

作为碳酸岩型稀土矿床中特殊的蚀变类型,从本质上而言,霓长岩化作用是碳酸岩流体与围岩之间发生组分交换的结果。流体-围岩反应的过程中,组分交换可以通过霓长岩和原岩主、微量元素的直接对比近似得出。里庄和大陆槽矿床的霓长岩均有比正长岩原岩更高的稀土元素浓度,意味着稀土元素从碳酸岩流体析出并附着于围岩。里庄和大陆槽霓长岩均表现出与碳酸岩相似的稀土配分形式,其他碳酸岩杂岩体如挪威 Fen 和白云鄂博中的霓长岩均报告了此类地球化学特征。Bühn 等(1999)提出,当从碳酸岩熔体中排出的流体进行霓长岩化蚀变时,稀土元素优先分配到液相,且流体的球粒陨石标准化稀土模式与碳酸岩熔体的稀土模式几乎一致。从这个意义上说,里庄和大陆槽霓长岩的稀土配分形式是对碳酸岩母岩浆中稀土地球化学行为的响应。此外,直接的对比还发现里庄和大陆槽霓长岩有比正长岩原岩更高的 $Fe_2O_3^T$、MgO、Sr、Ba 和更低的 $SiO_2$、$Al_2O_3$ 组分。这意味着在霓长岩化蚀变过程中,流体中的 Fe、Mg、Sr、Ba 等元素被带入围岩,导致了霓长岩中大量镁铁质矿物(如霓辉石、黑云母等)的生成,而 Si、Al 等元素从围岩中逐出而进入流体(图 5-4)。发生组分交换的原因可能是碳酸岩流体与围岩存在较大的地球化学梯度,通过扩散或萃取作用使元素迁移以达到新的地球化学平衡。

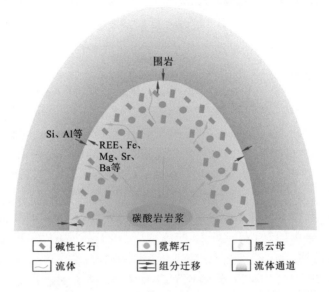

图 5-4 里庄和大陆槽矿床霓长岩化过程中元素迁移示意图

霓长岩化作用通常被视为岩浆过程到岩浆期后热液过程转变的标志,它是由冷却结晶的碳酸岩侵入体释放的多个流体脉冲形成的(Le Bas,2008;Trofanenko et al.,2016)。里庄和大陆槽矿床均发育典型的霓长岩化作用,蚀变的进行也往往伴随着角砾岩化事件的发生,这已被两个矿床霓长岩化带附近产出的角砾岩所证明。角砾岩的存在指示了富含挥发分的高压流体从碳酸岩岩浆中快速释放的过程,正如 Lorenz(洛伦兹)在 1994 年的实验所表明的:在高压环境下,大量的岩石破碎物可以喷出物的形式瞬间喷出。同样,Kresten(1988)证明了碳酸岩或霓长岩的角砾岩化过程实际上是体积增加的结果,这也解释了角砾岩化作用之后碳酸岩或霓长岩周围为何脉状裂隙往往十分发育。角砾岩化事件往往伴随着压力的瞬间降低,使围岩破碎化并形成大量的裂隙,超高压富含挥发分的碳酸岩流体通过裂隙释放并迁移,并与围岩发生交代蚀变即霓长岩化作用(Elliott et al.,2018)。大量的裂隙可构成开放性的渗透网络,有利于岩浆流体的运移及与后期大气降水的混合。显然,角砾岩化作用加速了流体与围岩的反应,提高了霓长岩化作用的强度,并且为热液矿脉的穿插及稀土矿物的沉淀提供了空间,这意味着角砾岩化作用及相关的霓长岩化作用对于稀土矿化有着重要的促进意义。

图 5-4 中,碳酸岩岩浆出溶的流体与围岩发生交代蚀变作用即霓长岩化作用,导致碱性长石、霓辉石和黑云母的形成,流体中的 REE、Fe、Mg、Sr、Ba 等元

素从流体进入围岩,Si、Al 等元素反之。

# 5.4 成矿流体特征

实验地球化学表明,在一定的物理化学条件下,氢可以从流体包裹体迁入或迁出,因而采用流体包裹体获得的氢同位素可能并不代表原生流体的氢同位素组成(Hall et al.,1991;Mavrogenes et al.,1994;Zajacz et al.,2009)。故本书罗列了冕宁-德昌稀土矿带石英样品的氧同位素组成,并与 Anderson 等(2004)报道的常见组分(如大气水、海洋水、变质水、沉积岩、变质岩、花岗岩、玄武岩)进行对比(图 5-5)。结果显示,里庄和大陆槽矿床石英样品的氧同位素全部位于大气水的氧同位素范围之内,显著高于变质水的氧同位素组成,表明了成矿流体的大气水(而非变质水)特征,与全球范围内绝大多数碳酸岩型稀土矿床类似(Sheard et al.,2012;Pandur et al.,2014)。大陆槽晚期石英样品的氧同位素明显高于里庄,暗示大陆槽矿床晚期成矿流体具有更显著的大气水特征,这可能与大陆槽矿床更强烈的局部构造活动(将拓展矿区的裂隙系统并允许更多的大气降水混入)有关。此外,由于里庄和大陆槽稀土矿床均为碳酸岩体系,因而其氧同位素组成与沉积岩、变质岩和玄武岩的氧同位素范围有显著区别(图 5-5)。结合图 3-25 和图 4-14 分别对里庄和大陆槽矿床石英样品的 H-O 同位素投图(两图均显示了位于岩浆水和大气水线之间的同位素组成),提出两个矿床的成矿流体具有相似的来源,即成矿流体起源于碳酸岩岩浆体系,但在热液过程中逐渐混入了大气水,大陆槽矿床混入大气水的程度相对更大。

图 5-5 中,大陆槽矿床晚期石英据 Liu 等(2015b),牦牛坪石英据 Liu 等(2017),木落寨石英据郑旭等(2019),其他组分氧同位素据 Anderson 等(2004),用于制作图表的里庄、大陆槽、牦牛坪和木落寨的原始数据值见表 3-6。

$CO_2$ 是成矿流体中常见的挥发分,在各种金属矿床的形成中起着重要的作用,如造山型金矿、斑岩钼矿床,尤其是碳酸岩型稀土矿床。里庄和大陆槽矿床均存在丰富的含 $CO_2$ 包裹体,与其他碳酸岩杂岩中描述的包裹体相似(例如,Oka,Samson et al.,1995a,1995b;牦牛坪,Xie et al.,2009,2015),暗示初始成矿流体具有大量 $CO_2$ 挥发分。因此,$CO_2$ 挥发分对稀土元素在热液流体中的活化迁移起着不可忽视的作用,正如实验岩石学早已证明的稀土元素在 $CO_2$ 流体中具有很高的分配系数(Dasgupta et al.,2009)。有学者根据流体包裹体测试的共晶温度推断,在碳酸岩相关的热液体系中的阳离子中除了 $Na^+$ 外,还存在 $K^+$。此外,Samson 等(1995a,1995b)报道了加拿大 Oka 碳酸岩杂岩体的成矿流体富含 $Cl^-$ 和 $SO_4^{2-}$,$Na^+$ 是主要的阳离子,但也存在 $K^+$ 和 $Mg^{2+}$。类似的,里

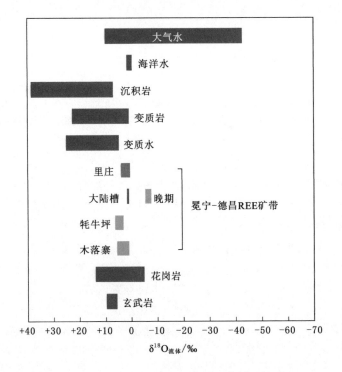

图 5-5　里庄和大陆槽矿床石英与其他组分氧同位素的对比
（大陆槽矿床晚期石英据 Liu et al.，2015b；牦牛坪石英据 Liu et al.，2017；
木落寨石英据郑旭等，2019；组分氧同位素据 Anderson et al.，2004。
用于制作图表的里庄、大陆槽、牦牛坪和木落寨的原始数据值见表 3-6）

庄和大陆槽矿床的碳酸岩-正长岩杂岩体附近均发育强烈的霓长岩化作用，表明成矿流体富含 $Na^+$ 和 $K^+$，因为霓长岩化作用从本质上而言是一种独特的碱性交代蚀变（Le Bas，2008；Elliott et al.，2018）。

对里庄和大陆槽矿床成矿流体中所含离子种类的约束来自离子色谱分析（表 3-5），分析结果表明两个矿床成矿流体的离子种类十分相似。具体而言，里庄矿床成矿流体含有 $SO_4^{2-}$、$Cl^-$、$F^-$、$Na^+$、$K^+$，而大陆槽矿床成矿流体含有 $SO_4^{2-}$、$Cl^-$、$F^-$、$Na^+$、$K^+$、$Ca^{2+}$。此外，氟碳铈矿是两个矿床主要的稀土矿物，其化学式中含有 $REE^{3+}$；重晶石是两个矿稀土矿石中重要的脉石矿物，表明 $Ba^{2+}$ 的存在；而萤石在大陆槽和里庄矿床中大量存在，暗示 $Ca^{2+}$ 也是流体中的重要组分。因此，可认为里庄和大陆槽矿床具有相似的初始流体成分，均含有 REE、$SO_4^{2-}$、$Cl^-$、$F^-$、$Na^+$、$K^+$、$Ba^{2+}$、$Ca^{2+}$ 和 $CO_2$。其中，$SO_4^{2-}$ 是流体最重要的离子，$CO_2$ 是流体最重要的挥发分。值得注意的是，里庄和大陆槽矿床成矿流体

中相对较高的 $Na^+/K^+$ 和较低的 $Cl^-/SO_4^{2-}$ 摩尔比与其他碳酸岩型稀土矿床如
牦牛坪(Zheng et al.,2019)相似(图 5-6),但明显不同于其他地质环境中的流体
成分,如加拿大 Strange Lake 花岗岩型稀土矿床、海水、新西兰 Wairakei 地热系
统和美国 Salton Sea,暗示了碳酸岩型稀土矿床成矿流体组分的独特性。

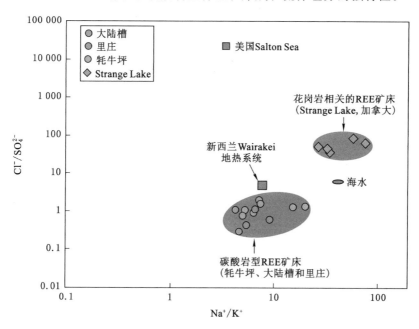

图 5-6　里庄和大陆槽矿床成矿流体中 $Na^+/K^+$ 与 $Cl^-/SO_4^{2-}$ 与其他相关流体的对比

综上所述,里庄和大陆槽碳酸岩型稀土矿床具有相似的成矿流体特征,成矿
流体具有明显的岩浆起源性质,但在后期热液过程中逐渐被大气降水稀释。大
陆槽晚期石英较高的氧同位素组成表明,大陆槽比里庄混入了更大比例的大气
降水。两个矿床的成矿流体均属于 $REE\text{-}SO_4^{2-}\text{-}Cl^-\text{-}F^-\text{-}Na^+\text{-}K^+\text{-}Ba^{2+}\text{-}Ca^{2+}\text{-}$
$CO_2$ 体系,$SO_4^{2-}$ 是流体中最重要的阴离子,$CO_2$ 是主要的挥发分。

# 5.5　稀土沉淀的主导因素

一般来说,稀土矿物的沉淀可由以下一个或多个物理化学参数的变化所导
致:① 温度变化(Trofanenko et al.,2016);② 流体沸腾或不混溶作用(Fan et
al.,2004,2006;Xie et al.,2009,2015);③ 不同性质流体的混合(Williams-Jones
et al.,2000;Liu et al.,2019b);④ 热液体系中 pH 值的改变(Williams-Jones et

al.,2010;Chiaradia,2014);⑤ 脉石矿物的结晶(Liu et al.,2019a)。里庄和大陆槽矿床可观察到的稀土成矿明显为热液型,因此稀土沉淀被认为是热液活动的产物。离子色谱分析(表 3-5)显示,里庄和大陆槽的初始成矿流体均含有$SO_4^{2-}$、$F^-$ 和 $Cl^-$ 等离子;而理论和实验研究都表明,这些离子可与稀土元素形成稳定的络合物,并对稀土元素活化、迁移和沉淀起重要作用(Haas et al.,1995;Migdisov et al.,2009;Li et al.,2017,2018)。

流体包裹体研究发现,里庄和大陆槽前 REE 阶段的温度较高(峰值>300℃),这种高温流体具有明显的稀土元素迁移能力。因此,在前 REE 阶段并没有形成显著的稀土矿化。相反,里庄和大陆槽 REE 阶段氟碳铈矿中 LV 型包裹体的均一温度绝大部分低于 300 ℃,这意味着从矿脉形成的早期到晚期,发生了一个简单的自然冷却过程。温度降低的一个合理解释是$CO_2$挥发分在前 REE 阶段大量逸出所导致的流体不混溶事件,另一种解释是流体与较冷的大气降水混合。稀土矿物的溶解度随着流体冷却而强烈降低(Migdisov et al.,2009;Gysi et al.,2015),这也得到了最近地球化学模型的支持,正如 Trofanenko 等(2016)所指出的:由于热液流体中$CO_2$含量高,流体-岩石相互作用不会通过增加$CO_2$活性或 pH 值而导致含稀土络合物沉淀,而一旦温度降到稳定性极限以下,氟碳铈矿的沉淀就会自发发生。考虑到这一点,提出温度显著降低可能是控制稀土沉淀的关键因素。$CO_2$相分离导致的流体不混溶作用发生在前 REE 阶段,到REE 阶段基本停止,这意味着流体不混溶作用不太可能导致稀土矿化,因为氟碳铈矿沉淀的潜在触发明显更晚。一个合理的解释是,$CO_2$相分离事件是流体在某些物理化学参数(如温度、压力、pH 值等)发生变化时的自发反应,仅仅是碳酸岩流体演化中的一个必需过程或常见现象。相反,不能排除大气降水的流入导致或促进稀土沉淀的可能性,因为 H-O 同位素和流体包裹体散点图都支持不同性质流体的混合是 REE 阶段的主要流体事件。事实上,大气降水的流入能有效地提高热液系统的 pH 值,并进一步降低其温度。此外,本书对比了里庄矿床萤石、方解石和氟碳铈矿单矿物的稀土元素配分形式。与重稀土元素(包括Y)相比,这三种矿物都更为富含轻稀土元素,但氟碳铈矿比方解石或萤石富集轻稀土的程度明显更高。这三种矿物也显示轻微的 Eu 亏损特征,但氟碳铈矿的 Eu 亏损程度明显高于其他两种矿物。这些变化发生的原因来自 Y 和 Ho 元素之间或 Eu 和其他镧系元素之间的解耦。因此,可以认为萤石和方解石的大量沉淀[两者都具有较低的$(La/Yb)_{cn}$值]能明显提高镧系元素的浓度,同时剥离流体中 $F^-$、$SO_4^{2-}$、$CO_3^{2-}$ 等络合配体,这有利于氟碳铈矿的结晶。

综上所述,流体冷却、大气降水混合以及萤石、方解石等脉石矿物结晶所导致稀土络合物的失稳是触发里庄和大陆槽矿床稀土矿物在热液体系中沉淀的重要机制。由于碳酸岩型稀土矿床的普遍热液成因（Haas et al., 1995；Migdisov et al., 2009），可以认为这一机制不仅适用于青藏高原东缘新生代的这两期稀土成矿事件，而且对于剖析世界范围内其他碳酸岩相关地质环境中的稀土成矿作用具有一定的启发意义。

## 5.6　碳酸岩型稀土成矿模式

大量研究表明，碳酸岩型稀土矿床的成因主要涉及两方面的过程：① 成矿碳酸岩的稀土源区问题，即稀土元素如何在成矿碳酸岩岩浆源区实现初始富集，这是发生稀土成矿事件的前提（Hou et al., 2015；Tian et al., 2015；Liu et al., 2017；Zhang et al., 2019；Jia et al., 2020）；② 碳酸岩岩浆出溶富含稀土元素的成矿流体经过演化，在一定的物理化学条件下沉淀出稀土矿物，这一过程涉及热液蚀变（如霓长岩作用）、构造叠加、流体不混溶作用及不同流体的混合、稀土络合物在热液流体的运移和裂解等一系列物理化学作用（Wood, 1990；Williams-Jones et al., 2000, 2012；Migdisov et al., 2009, 2014）。

在青藏高原东缘，里庄和大陆槽矿床是典型的富集稀土元素的成矿碳酸岩。相比于正长岩岩体（里庄：$\sum REE \leqslant 400$ ppm；大陆槽：$\sum REE \leqslant 87.9$ ppm），里庄（$\sum REE \geqslant 9\,236$ ppm）和大陆槽（$\sum REE \geqslant 2\,839$ ppm）碳酸岩稀土浓度显著更高（附表 1、附表 2），较高的稀土含量表明里庄和大陆槽碳酸岩早已经历了源区富集且可能在热液过程中发生稀土矿化作用。这种富含稀土元素的成矿碳酸岩与直接来源于地幔柱或软流圈地幔的无矿碳酸岩显著不同，如东非碳酸岩（Bell et al., 1987, 2001）。如前所述，里庄和大陆槽成矿碳酸岩可能是由次大陆岩石圈地幔部分熔融形成的，该岩石圈地幔在新元古代时期发生的深俯冲过程中被海洋沉积物中高通量、富含稀土元素和 $CO_2$ 的流体交代。里庄和大陆槽矿床碳酸岩的加权平均年龄（里庄：28.16 Ma；大陆槽：12.44 Ma）与稀土矿化年龄（里庄：氟碳铈矿 SIMS Th-Pb 年龄 28.4Ma；大陆槽：氟碳铈矿平均 Th-Pb 年龄 11.85 Ma）在误差范围内一致，均晚于锦屏山造山带的形成时间（约 224～213 Ma），但接近于印度-亚洲大陆碰撞期间青藏高原东部大规模走滑断裂形成时期（Hou et al., 2009）。走滑断裂在扬子克拉通西缘自南向北滑移（相对于左侧板片），在冕宁-德昌地区控制着两期碳酸岩及其伴生正长岩岩浆及后续热液活动的侵位，以里庄矿床为代表的第一期碳酸岩型稀土成矿事件于 25～28 Ma 发生在青藏高原东缘的冕宁-德昌地区北部，以大陆槽为代表的第二期稀土成矿事件于 12 Ma 左右发生在南部，共同控制着川西冕宁-德昌稀土矿带的形成。

图 5-7 为碳酸岩型稀土矿床成矿模式示意图,直观地反映了在不同时间序列和空间尺度上发生的连续岩浆-热液演化过程及相关的稀土矿化事件。随着青藏高原东缘以里庄和大陆槽为代表的两期碳酸岩及相关的正长岩岩浆的分别侵位,在应力松弛的条件下(可能涉及温度、压力、岩浆含水性等物理化学参数的变化),富含稀土元素及 $CO_2$ 挥发分的流体从这些岩浆分异出来[图 5-7(a)、(b)]。走滑断裂及其次级断裂控制下的局部构造活动在里庄和大陆槽地区产生了断裂系统或构造裂隙,为成矿流体的运移及后续热液矿脉的穿插提供了通道。沿着流体通道,霓长岩化作用的发生导致了碱性硅酸盐矿物的形成[图 5-7(c)],围岩被流体蚀变成钾长石、钠长石、霓辉石、黑云母和少量钠铁闪石的矿物组合。这一阶段流体是"热"的,具有显著的运输稀土元素的能力。因此,本阶段原生稀土矿化并不十分发育。由于霓长岩化过程中形成的矿物对稀土元素并没有较大的结构容量,因此这些元素仍集中在流体中,表现为方解石、萤石和氟碳铈矿相对较高的稀土含量。流体随后的演化过程以热液矿脉的穿插形成及矿脉中脉石矿物的沉淀为标志,前 REE 阶段的流体经历了 $CO_2$ 大量逸出导致的强烈不混溶作用[图 5-7(d)],在这个过程中大量具有不同 $CO_2$ 体积分数的含 $CO_2$ 包裹体被捕获。

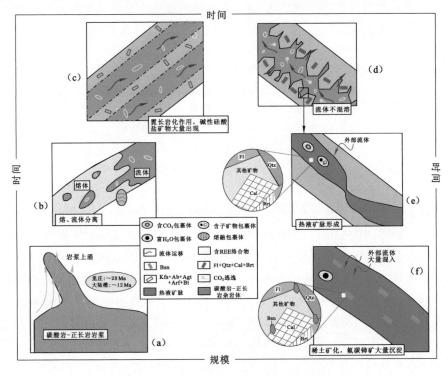

图 5-7　里庄和大陆槽矿床稀土成矿模式示意图

伴随着不混溶作用的发生和热液体系的逐渐冷却,流体达到了 $CaF_2$、$BaSO_4$ 和 $CaCO_3$ 的溶解度极限,触发了尚未被早期结晶物质"扼"住的萤石、重晶石和方解石等脉石矿物的沉淀[图 5-7(e)],标志着热液活动的高潮。这些脉石矿物以不同的比例和粒度出现在热液矿脉中,与加拿大 Wicheeda 矿床的矿物共生作用相似(Trofanenko et al.,2016)。据里庄和大陆槽矿床的流体包裹体研究推测,直到不混溶作用结束及大量外部流体混入热液系统,氟碳铈矿的大规模沉淀最可能发生。这是基于一个基本的假设,该假设来源于氟碳铈矿中气-液两相包裹体的普遍性和含 $CO_2$ 包裹体的稀缺性,即稀土元素很可能从含少量 $CO_2$ 的低-中盐度的流体中沉淀。在热液活动的中-晚期,正如里庄和大陆槽石英样品 H-O 同位素所表明的,大气降水通过矿区的裂隙系统进入热液流体。相比之下,大陆槽矿床的构造作用更活跃,裂隙系统也更为发育,导致更多的外部流体混入成矿体系。大气降水的大量混入显著降低了成矿流体的盐度,并且允许流体在成矿系统内部和周围有效循环。更重要的是,流体混合将导致热液系统的快速冷却,这通常被认为是稀土络合物失稳的有效触发器(Trofanenko et al.,2016;Shu et al.,2019;Zheng et al.,2019)。稀土络合物的裂解导致氟碳铈矿大规模沉淀,以柱状或板状的晶体形式充填于早期萤石、重晶石、方解石等脉石矿物形成的空隙之内或叠加于这些矿物之上,最终完成稀土元素的大规模矿化过程。

# 第6章 对稀土资源勘探的启示

本书对里庄和大陆槽两个典型矿床的精细解剖,不仅约束了青藏高原东缘新生代的两期碳酸岩型稀土矿床作用,同时也为在碳酸岩相关地质背景下找寻稀土资源提供了重要的启示。本章拟从构造背景、围岩蚀变、特征矿物和成矿流体四个方面详细论述有利于稀土资源勘探的指标。

## 6.1 构造背景对勘探的启示

### 6.1.1 大地构造

如前所述,青藏高原东缘里庄和大陆槽矿床的成矿碳酸岩具有与直接来源于地幔柱或软流圈地幔的无矿碳酸岩如东非碳酸岩(Bell et al. ,1987,2001)明显不同的地球化学特征。其一是里庄和大陆槽成矿碳酸岩极度富集 Sr(里庄: Sr≥4 000 ppm;大陆槽:Sr ≥ 16 500 ppm)、Ba(里庄:Ba≥35 400 ppm;大陆槽: Ba≥5 200 ppm)和稀土元素(里庄: $\sum$REE ≥9 236 ppm;大陆槽: $\sum$REE ≥ 2 839 ppm)(附表 1、附表 2);其二是里庄和大陆槽成矿碳酸岩与无矿碳酸岩的 Sr-Nd-Pb 同位素组成不同,前者明显更具有放射性特征,尤其是($^{87}$Sr/$^{86}$Sr)$_i$ 比值较高(里庄:0.705 624~0.706 997;大陆槽:0.707 266~0.707 962)(附表 4)。具有此类地球化学特征的碳酸岩被认为是由软流圈上涌或地幔柱活动触发的次大陆岩石圈地幔的部分熔融导致的,该次大陆岩石圈地幔可能被起源于俯冲海洋沉积物的含稀土元素和 $CO_2$ 的高通量流体所交代(Hou et al. ,2015)。有可能发生类似地质过程的最佳大地构造环境是克拉通边缘(尤其是古老汇聚克拉通边缘),而非岩石圈相对薄弱的现代俯冲带或相对稳定的克拉通内部。这也解释了全球发现超过 500 个碳酸岩杂岩体(Woolley et al. ,2008),为何仅仅有很少部分(约 4%)能形成大型或超大型矿床(Weng et al. ,2015;Xie et al. ,2009;Liu et al. ,2017),而这些具有显著经济效益的矿床往往位于克拉通边缘(Yang et al. ,2009,2017)的原因。因此,相比于稳定的克拉通内部,克拉通边缘这一大地构造背景可能更具有找寻碳酸岩型稀土矿床的潜力。

### 6.1.2　矿区构造

矿区的局部构造作用对潜在稀土矿床的规模和品位也有重要意义。尽管本书提出了里庄和大陆槽矿床统一的成矿模式(图 5-7),但两个矿床在以下方面存在差异:① 里庄稀土矿石的品位和稀土矿体规模低于大陆槽矿床,也明显低于同一成矿带中地理位置接近、成岩成矿时代类似(约 25 Ma)的牦牛坪矿床;② 与大陆槽和牦牛坪矿床相比,里庄矿床的热液蚀变作用和矿物组合更为简单;③ 里庄矿床含有大量的浸染状矿石,明显不同于牦牛坪大量出现的脉状矿石和大陆槽的角砾状矿石;④ 里庄稀土矿石方解石颗粒的矿物边界和解理相对于牦牛坪和大陆槽矿床更为清晰。所有这些偏差都可用里庄矿床较弱(相比于大陆槽和牦牛坪)的矿区构造活动解释,因为较弱的构造活动可有效抑制热液流体的运移和释放,从而限制大规模稀土矿化的发生。事实上,构造活动可以在围岩中产生裂隙,促进流体循环,并通过流体-岩石相互作用而改变流体化学。此外,构造活动还推动了大气降水的渗入,从而显著降低热液系统的温度,有利于稀土矿物的沉淀(Williams-Jones et al.,2000,2012)。类似的,Zhang 等(2019)报道湖北庙垭碳酸岩杂岩体中低品位的矿石也与较弱的构造活动有关,而岩相学观察显示庙垭碳酸岩和正长岩内部结构较为完整。上述分析表明,构造作用是控制碳酸岩型稀土矿床形成和多样性(如品位、规模、矿化式样等)的关键因素之一,局部构造活动强烈且频繁的地区则是稀土资源的优先勘探目标。

# 6.2　围岩蚀变对勘探的启示

热液蚀变常常可以作为找寻某些金属矿产资源的重要手段,例如经典的斑岩型铜矿床的蚀变模式和蚀变分带被视为有效的工具而广泛应用于世界各地的常规勘探中(Hedenquist et al.,1998;Sillitoe,2010)。碳酸岩作为稀土资源最重要的宿主岩石,承载了全球绝大部分的稀土矿化。因此,找寻稀土资源的重要前提便是找寻碳酸岩(准确地说是成矿碳酸岩)杂岩体。然而,碳酸岩容易在形成后漫长的地质时间中遭受后期地质事件的影响和改造,使其结构、构造及地球化学特征发生变化,甚至难以与外观相似的沉积变质大理岩相区别(杨学明 等,2000;王凯怡,2015)。相反,霓长岩化作用的岩石产物(即霓长岩)却可以长期相对稳定存在,因此霓长岩化作用可作为稀土资源勘探的重要手段。在里庄和大陆槽矿床,霓长岩化作用发育于热液矿脉附近,在碳酸岩-正长岩杂岩体周围形成蚀变晕,且在水平和垂直方向有较长距离的延伸,暗示了蚀变作用对稀土矿脉出现的指示意义。霓长岩化蚀变带在视觉上很容易辨认,其外观颜色相比于碳酸岩或正长岩岩体更深或更黑,这与蚀变带中生成的碱性硅酸盐矿物组合(如黑云母、霓辉石和钠铁闪石)有关。

综上所述,尽管霓长岩本身并不具备显著的稀土开采价值,但它可作为稀土资源常规勘探的指南。而试图识别霓长岩化作用的发生,最直观的方法是找寻围岩中颜色较深(或较黑)且有大量碱性硅酸盐矿物(最好具有明显的蚀变结构)出现的区域。

# 6.3 特征矿物对勘探的启示

## 6.3.1 矿物共生组合

里庄和大陆槽矿床的野外观察和镜下鉴定均表明,潜在的稀土矿化主要集中在矿脉中,为热液成因。一般而言,热液过程导致稀土元素活化、分配、矿物置换和沉淀,从而产生具有相对较高的重稀土/轻稀土比值的稀土矿石(Moore et al.,2015)。两个矿床的矿石中均含有大量的萤石和重晶石,暗示了 $F^-$ 和 $SO_4^{2-}$ 的重要性。此外,$CO_3^{2-}$ 往往也被认为会和稀土元素形成络合物(Wood,1990;Haas et al.,1995),在其他碳酸岩型稀土矿床中,稀土元素富集与 $CO_2$ 或 $CO_3^{2-}$ 活性的相关性已被充分认识,如加拿大 Wicheeda 矿床(Trofanenko et al.,2016)。里庄和大陆槽矿床所有稀土矿石中普遍存在的热液方解石以及大量出现的含 $CO_2$ 包裹体均表明成矿流体具有较高的 $CO_2$ 或 $CO_3^{2-}$ 活性。基于上述分析,认为包括 $F^-$、$SO_4^{2-}$ 和 $CO_3^{2-}$ 在内的配体对稀土在热液体系中的运移和沉淀起着重要作用,这也是两个矿床萤石、方解石和重晶石等脉石矿物在矿脉中大量形成并与稀土矿物形成稳定矿物组合的重要原因。

上述分析表明,与稀土矿物氟碳铈矿共生的萤石、重晶石和方解石等稳定的矿物组合可作为潜在的稀土矿脉体系的勘探工具。

## 6.3.2 高氟黑云母

黑云母是碳酸岩中常见的大晶或斑晶相,对破译碳酸岩相关体系的物理化学性质具有重要意义。本书仔细分析了里庄矿床稀土矿石中的黑云母成分数据(Ⅱ类黑云母,表3-3),并从前人研究中收集了世界范围内成矿和无矿碳酸岩杂岩体中的黑云母数据,重新计算了参数并进行了有效性分析。通过对比成矿和无矿碳酸岩杂岩体中获得的黑云母成分参数(重点是卤素含量),为在碳酸岩地质背景下找寻稀土资源建立了可靠的指标。

图 6-1 中,所有数据均根据林文蔚等(1994)提出的方法重新计算了参数,参

数范围统计与总结见表 6-1。成矿和无矿碳酸岩杂岩体的划分是基于该杂岩体是否发生了显著的稀土矿化事件,即是否有可达到经济效益的独立稀土矿物的大量出现。

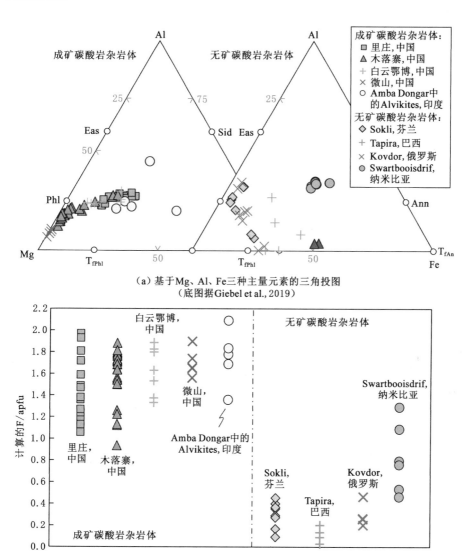

(a) 基于 Mg、Al、Fe 三种主量元素的三角投图
(底图据 Giebel et al., 2019)

(b) 两类碳酸岩杂岩体中黑云母 F 组分的直接对比

图 6-1　全球范围内典型成矿和无矿碳酸岩杂岩体中黑云母成分投图
[所有数据均根据林文蔚等(1994)提出的方法重新计算参数,参数范围统计与总结见表 6-1]

**表6-1 全球范围内典型成矿和无矿碳酸岩杂岩体中黑云母的地球化学成分总结**

| 杂岩体成矿床 | 产地 | 杂岩体中其他岩石 | 所计算云母的产状 | 数量 | 重新计算的云母参数范围（计算方法据林文蔚等，1994） | | | | 云母原始数据参考文献 |
| --- | --- | --- | --- | --- | --- | --- | --- | --- | --- |
| | | | | | Mg/apfu | Al/apfu | Fe/apfu | F/apfu | |
| 成矿碳酸岩杂岩体 | | | | | | | | | |
| 里庄 | 中国四川 | 英碱正长岩 | 浸染状矿石 | 15 | 3.35~4.04 | 1.35~2.05 | 0.99~1.97 | 1.06~1.72 | 本次研究 |
| 木落寨 | 中国四川 | 英碱正长岩、大理岩 | 条带状和网脉状矿石 | 29 | 4.04~5.24 | 0.65~1.98 | 0.07~1.47 | 0.94~1.88 | 姜恒(2018) |
| 白云鄂博 | 中国内蒙古 | 变质砂岩、白云石大理岩 | 条带状矿石和白云石矿脉 | 7 | 5.01~4.03 | 1.64~1.81 | 0.68~1.68 | 1.33~1.88 | Smith等(2009) |
| 微山 | 中国山东 | 闪长斑岩和正长岩 | 浸染状和条带状矿石 | 5 | 4.49~4.70 | 0.31~0.51 | 0.02~0.04 | 1.56~1.90 | Jia等(2019) |
| Amba Dongar中的Alvikites | 印度古吉拉特邦 | 钾质霓长岩 | 碳酸岩 | 5 | 1.51~4.47 | 1.53~1.96 | 1.15~4.04 | 1.36~2.09 | Viladkar等(2000) |
| 无矿碳酸岩杂岩体 | | | | | | | | | |
| Sokli | 芬兰 | 霓长岩、磁铁橄磷岩、辉岩 | 碳酸岩 | 8 | 4.45~6.50 | 0.37~2.55 | 0.33~1.45 | 0.09~0.45 | Lee等(2003) |
| Tapira | 巴西 | 蛇纹岩、正长岩 | 碳酸岩 | 6 | 4.01~5.71 | 0.01~1.91 | 0.88~3.23 | 0.03~0.20 | Brod等(2001) |
| Kovdor | 俄罗斯科拉半岛 | 橄榄岩、辉岩、磷矿 | 碳酸岩 | 8 | 5.23~5.77 | 0.15~2.77 | 0.36~2.21 | 0.08~0.46 | Krasnova等(2004) |
| Swartbooisdrif | 纳米比亚 | 正长岩、斜长岩 | 碳酸岩角砾岩 | 8 | 2.08~2.82 | 2.34~2.60 | 2.64~3.16 | 0.46~1.29 | Druppel等(2004) |

注：此处成矿和无矿碳酸岩杂岩体的划分是基于该杂岩体是否发生了显著的稀土矿化事件，即是否有具开采价值的独立稀土矿物的大量出现。

里庄矿床稀土矿石中的黑云母(Ⅱ类黑云母)是在中国地质科学院矿产资源研究所进行的电子探针成分分析,详细的分析方法见1.5.2小节。为了拓展黑云母的数据集以便获得更广泛的意义,从其他4个成矿[木落寨、白云鄂博(附表5)、微山(附表6)、印度 Amba Dongar(附表7)]和4个无矿[芬兰 Sokli(附表8)、巴西 Tapira(附表9)、俄罗斯科拉半岛 Kovdor(附表10)、纳米比亚 Swartbooisdrif(附表11)]碳酸岩杂岩体中收集了黑云母成分数据。所有黑云母数据基于22个氧原子,采用林文蔚等(1994)提出的方法重新计算了参数,通过假设(F+Cl+OH)=4来计算 OH。表6-1总结了9个碳酸岩杂岩体中91个黑云母的成分数据范围,并在图6-1中进行了关键参数投图。成矿碳酸岩杂岩体中的黑云母显示出 Mg 富集的演化趋势,大多数黑云母主要落在靠近金云母的区域内[图6-1(a)]。无矿碳酸岩杂岩体中的黑云母成分变化很大,其中约一半被识别为金云母-四铁金云母系列。卤素含量是黑云母化学的一个重要参数,已成功地用于判别其他成矿环境,如斑岩成矿系统(Tang et al.,2019)中的无矿和成矿深成岩体。然而,碳酸岩相关体系的类似应用则很少报道。鉴于9个碳酸岩杂岩体中黑云母的 Cl 含量极低(通常低于0.01 apfu),且许多甚至低于检测限,因此讨论氯成分是没有意义的。黑云母中的 F 含量是高度可变的,来自成矿碳酸岩杂岩体的黑云母(0.94～2.09 apfu)具有比无矿碳酸岩杂岩体的云母(≤1.29 apfu,大多数低于1 apfu)更高的 F 组分。两类杂岩体中黑云母 F 组分的判别图[图6-1(b)]清楚地表明,两种黑云母类型之间的 F 的 apfu 数量几乎不存在重叠(除了极少区域),F 等于1 apfu 似乎是它们的阈值。

通过对比世界上成矿和无矿碳酸岩杂岩体中的黑云母成分,本书提出高氟(>1 apfu,基于22个氧原子计算)黑云母可作为在碳酸岩相关地质环境中识别稀土矿化的有效工具。

# 6.4　成矿流体对勘探的启示

从热液流体的角度来看,本书报道的里庄和大陆槽矿床的流体包裹体数据(包括岩相学观察、显微测温和流体成分分析等)有助于区分碳酸岩型稀土矿床与其他矿床类型的流体特征,并在与成矿岩体具有一定距离的位置识别潜在的含稀土区域。

## 6.4.1　特征包裹体

某些独特包裹体,尤其是既含子晶又含 $CO_2$ 的 LCS 型包裹体的出现是识别碳酸岩流体的重要标志。这种包裹体在自然界中是"罕见"的,如在造山型金矿或斑岩型铜钼矿中较少出现,然而在碳酸岩型稀土矿床中却被广泛报道,如牦牛坪以及加拿大的 Hoidas Lake,它的出现表明含 $CO_2$ 挥发分的高盐度成矿流体进入了矿区预先存在的裂隙系统。然而,从化学意义上来说,如果一种溶液含有较高的浓度(或盐度,二者几乎呈正相关关系),那么就不可能溶入较多的可溶性气体,这也是为什么自然界中既含子晶又含 $CO_2$ 的 LCS 型包裹体"罕见"的原因。对于这种包裹体出现最合理的解释是:$CO_2$ 为碳酸岩岩浆出溶的流体"天生"具有的,而非后期从其他地质环境中混入。事实上,前人早已报道碳酸岩流体往往来自地幔,且富含大量 $CO_2$ 和其他挥发分(Groves et al. ,1988;Veksler et al. ,1998)。

### 6.4.2　特殊离子

富含某些可与稀土元素形成强络合物的特殊离子(如 $SO_4^{2-}$ 、$Cl^-$ 、$F^-$ 等)是碳酸岩型稀土矿床成矿流体的显著特征。这些离子的存在也符合里庄和大陆槽矿床的矿物学特征,即萤石、重晶石等脉石矿物通常在矿脉中与氟碳铈矿形成稳定的矿物共生组合。相反,若萤石、重晶石等矿物在某些碳酸岩杂岩体中数量较少,如新疆切干布拉克和湖北庙垭,这意味着成矿流体中 $F^-$ 、$SO_4^{2-}$ 和 $CO_3^{2-}$ 等配体的含量较低,这将会抑制稀土成矿并导致低品位矿石的形成。因此,流体中 $SO_4^{2-}$ 、$Cl^-$ 、$F^-$ 等配体的存在也可作为稀土资源找寻的标志。然而,从勘探层面来看,这个工具可能并不十分经济,因为这意味着必须进行昂贵的离子色谱分析。

### 6.4.3　空间位置

本书报道的里庄和大陆槽矿床的流体包裹体数据清楚地表明,热液系统在经过连续的自然冷却和外部流体的大量混入之后,稀土矿化往往发生在低温、低压、低-中盐度、$CO_2$ 大量逃逸的相对富水的热液环境中。这意味着矿脉系统中最显著的稀土矿化一定发生在较浅的地表水平,因为通常越接近地表,裂隙宽度越大,混入热液体系的外部流体也越多,而流体经过长距离的运移温度下降幅度也就越大。在牦牛坪矿床大孤岛矿区报道的"三层楼"式矿化系统有力地支持了这一观点(Liu et al. ,2019a)。该研究表明,在大孤岛矿区从底部平台向上分为细网脉、细脉和粗脉三个规模逐渐增加的矿化单位,其中顶部单元具有宽达 12 m 的大脉,并承载了该矿区绝大部分的稀土矿化事件。

# 第 7 章 结 论

## 7.1 主要结论

① 青藏高原东缘新生代时期发育两期碳酸岩型稀土成矿作用,分别以里庄和大陆槽矿床为典型代表。里庄矿床成矿时代约为 28 Ma,代表了第一期稀土成矿作用。该矿床发育两类黑云母,Ⅰ类与碱性长石和霓辉石共生,Al、Ti、Fe 含量较高,Si、Mg、F 含量较低;Ⅱ类与氟碳铈矿共生,主要为氟金云母。大陆槽矿床成矿时代约为 12 Ma,代表了第二期稀土成矿作用。该矿床确定了岩浆期(碳酸岩-正长岩杂岩体形成)、伟晶岩期(伟晶状粗粒矿物形成)、热液期(热液矿脉形成)和表生期(黏土矿物出现)四个期次。

② 尽管两个矿床氟碳铈矿与碳酸岩(或分离的方解石)的 $^{13}C_{V-PDB}$ 同位素相似,但前者 $\delta^{18}O_{V-SMOW}$ 同位素明显更高,这可能是由碳酸岩脱碳化作用形成的 $CO_2$ 所导致。里庄和大陆槽碳酸岩具有与无矿碳酸岩明显不同的地球化学特征,富集 Sr、Ba 和 REE,且具有显著放射性 Sr-Nd-Pb 同位素组成,表明起源于由俯冲海洋沉积物交代的次大陆岩石圈地幔,而氟碳铈矿与碳酸岩(或分离的方解石)Sr-Nd-Pb 同位素的相似性则表明稀土成矿物质直接来源于碳酸岩岩浆体系。

③ 里庄和大陆槽矿床成矿母岩均为碳酸岩-正长岩杂岩体,杂岩体附近广泛发育霓长岩化作用,蚀变作用使围岩的稀土含量显著升高,并促使生成的霓长岩具有与碳酸岩母岩相似的稀土配分形式。此外,蚀变过程中流体的 Fe、Mg、Sr、Ba 等元素被带入围岩,导致镁铁质矿物(如霓辉石、黑云母等)的大量形成,而 Si、Al 等元素从围岩中逐出而进入流体。霓长岩化作用往往伴随着角砾岩化事件,后者可提高蚀变作用的强度,并拓展矿区裂隙系统的规模,为后期矿脉的穿插提供空间。

④ 里庄和大陆槽矿床成矿流体具有明显的碳酸岩岩浆起源特征,含有 $REE^{3+}$、$SO_4^{2-}$、$Cl^-$、$F^-$、$Na^+$、$K^+$、$Ba^{2+}$、$Ca^{2+}$ 等离子和 $CO_2$ 挥发分。前 REE 阶段流体经历了 $CO_2$ 相分离导致的不混溶作用,REE 阶段成矿体系则混入了大量

外部流体,但大陆槽矿床比里庄矿床混入外部流体的比例更高,这可能与该矿床相对较强的矿区构造活动有关。温度降低、外部流体大量混入以及萤石、方解石等脉石矿物结晶所导致的稀土络合物失稳是触发热液体系中大规模稀土沉淀的重要因素。

⑤ 对里庄和大陆槽矿床的精细解剖为在碳酸岩相关地质环境中找寻稀土资源提供了重要启示,相关勘探指标有:a. 克拉通边缘是稀土勘探最佳的大地构造背景,在这种构造环境下局部构造较为活跃且频繁的区域是优先勘探靶区;b. 霓长岩化作用是碳酸岩型稀土矿床的典型围岩蚀变,围岩中若有颜色较深(或较黑)且有大量碱性硅酸盐矿物(如黑云母、霓辉石、钠铁闪石等)出现的脉体需重点关注;c. 鉴于萤石、重晶石和方解石等脉石矿物常与稀土矿物形成稳定的矿物共生组合,因此这些矿物的同时出现是稀土勘探的重要矿物学指标;d. 成矿碳酸岩具有比无矿碳酸岩更高的黑云母氟组分,因此高氟($>1$ apfu)黑云母可作为指示矿物;e. 一种"罕见"的既含子晶又含 $CO_2$ 包裹体的出现,可视为碳酸岩型稀土矿床的有效标志;f. 含有大量 $SO_4^{2-}$、$Cl^-$、$F^-$ 等特殊离子的流体是稀土勘探的重要指标;g. 在上述特征存在的地方,对潜在稀土矿化区域的搜寻应集中在更浅的地表水平。

## 7.2 存在问题与工作展望

尽管本书通过对里庄和大陆槽矿床稀土成矿作用的详细研究建立了碳酸岩型稀土成矿模式,并提出了在碳酸岩相关地质背景下找寻稀土资源的具体指标,但囿于个人能力、研究时间等主观因素以及一些客观因素,尚存在不少亟待解决的问题,这也是未来进一步努力的方向。现总结如下:

① 尽管已经明确里庄和大陆槽成矿碳酸岩的形成有洋壳物质的贡献,但是洋壳物质的混入比例是否与(潜在的稀土矿床)成矿规模及矿石品位呈正相关关系? 拟通过碳酸岩的非传统同位素研究(如 Ca、Mg 和惰性气体同位素等)揭示其源区组分,并模拟洋壳物质的参与对稀土元素在碳酸岩源区富集的具体贡献。

② 霓长岩化作用是碳酸岩型稀土矿床中常见的围岩蚀变,尽管已经证明该蚀变可使围岩与流体发生组分交换,并最终提高围岩的稀土元素含量。但蚀变程度与稀土矿床规模及矿石品位有何关系? 更重要的是,能否像斑岩型铜矿一样建立经典的蚀变模式(包括垂直或水平分带、矿物演化序列、元素迁移种类及数量等)以更好地指导稀土勘探工作? 拟通过精细的矿物学研究(包括 Mapping、LA-ICP-MS 成分分析等)加以研究。

③ 尽管已经归纳出若干指标以指导碳酸岩相关地质背景中稀土资源的勘

探工作,但这些标志大都是定性而非定量的,且难以指示稀土矿床的规模及矿石品位。拟通过收集全球范围内不同规模、不同矿石品位的碳酸岩型稀土矿床的详细资料(包括构造背景、蚀变特征、矿物共生组合、流体特征、稀土矿化条件等)建立数据库并进行大数据对比,去粗取精、删繁就简,建立更精细且能定量指示的勘探指标。

# 参 考 文 献

[1] 陈超,2018.川西大陆槽隐爆角砾岩型稀土矿床成因浅析[D].北京:中国地质大学(北京).

[2] 邓军,王庆飞,李龚健,2016.复合造山和复合成矿系统:三江特提斯例析[J].岩石学报,32(8):2225-2247.

[3] 范宏瑞,牛贺才,李晓春,等,2020.中国内生稀土矿床类型、成矿规律与资源展望[J].科学通报,65(33):3778-3793.

[4] 侯增谦,陈骏,翟明国,2020.战略性关键矿产研究现状与科学前沿[J].科学通报,65(33):3651-3652.

[5] 侯增谦,田世洪,谢玉玲,等,2008.川西冕宁-德昌喜马拉雅期稀土元素成矿带:矿床地质特征与区域成矿模型[J].矿床地质,27(2):145-176.

[6] 胡泽松,沈冰,朱志敏,等,2008.四川省冕宁县南河乡阴山村方家堡 REE 矿区普查报告[R].成都:中国地质科学院矿产综合利用研究所.

[7] 姜恒,2018.川西木落寨稀土矿床郑家梁子矿段地质特征与成因研究[D].北京:中国地质大学(北京).

[8] 李德良,2019.四川里庄稀土矿床地质特征与成因探讨[D].北京:中国地质大学(北京).

[9] 李德良,刘琰,郭东旭,等,2018.四川冕宁里庄稀土元素矿床矿石类型及金云母 Ar-Ar 年龄[J].矿床地质,37(5):1001-1017.

[10] 李小渝,2005.四川德昌大陆槽稀土矿床地质特征[J].矿床地质,24(2):151-160.

[11] 李自静,2018.川西牦牛坪超大型 REE 矿床脉状成矿样式及其对 REE 富集的指示[D].北京:中国地质科学院.

[12] 林文蔚,彭丽君,1994.由电子探针分析数据估算角闪石、黑云母中的 $Fe^{3+}$、$Fe^{2+}$[J].长春地质学院学报,24(2):155-162.

[13] 刘琰,陈超,舒小超,等,2017.青藏高原东部碳酸岩-正长岩杂岩体型 REE 矿床成矿模式:以大陆槽 REE 矿床为例[J].岩石学报,33(7):1978-2000.

[14] 莫宣学,赵志丹,邓晋福,等,2003.印度-亚洲大陆主碰撞过程的火山作用

响应[J].地学前缘,10(3):135-148.

[15] 牛贺才,林传仙,1994.论四川冕宁稀土矿床的成因[J].矿床地质,13(4):345-353.

[16] 牛贺才,单强,林茂青,1996.四川冕宁稀土矿床包裹体研究[J].地球化学,25(6):559-567.

[17] 欧阳怀,2018.四川木落寨稀土矿床地质特征与成因探讨[D].北京:中国地质大学(北京).

[18] 施泽民,李小渝,1995.德昌大陆槽稀土矿床的发现及其意义[J].四川地质学报,15(3):216-218.

[19] 舒小超,刘琰,李德良,等,2019.川西冕宁-德昌稀土矿带霓长岩的地球化学特征及地质意义[J].岩石学报,35(5):1372-1388.

[20] 宋文磊,许成,王林均,等,2013.与碳酸岩碱性杂岩体相关的内生稀土矿床成矿作用研究进展[J].北京大学学报(自然科学版),49(4):725-740.

[21] 田世洪,侯增谦,杨竹森,等,2008.川西冕宁-德昌REE成矿带成矿年代学研究:热液系统维系时限和构造控矿模型约束[J].矿床地质,27(2):177-187.

[22] 王登红,杨建民,闫升好,等,2002.四川牦牛坪碳酸岩的同位素地球化学及其成矿动力学[J].成都理工学院学报,29(5):539-544.

[23] 王汾连,何高文,孙晓明,等,2016.太平洋富稀土深海沉积物中稀土元素赋存载体研究[J].岩石学报,32(7):2057-2068.

[24] 王凯怡,2015.与碳酸岩共生的霓长岩[J].地质科学,50(1):203-212.

[25] 谢玉玲,夏加明,崔凯,等,2020.中国碳酸岩型稀土矿床:时空分布与成矿过程[J].科学通报,65(33):3794-3808.

[26] 许成,黄智龙,刘丛强,等,2004.牦牛坪稀土矿床碳酸岩Pb同位素地球化学[J].岩石学报,20(3):495-500.

[27] 许成,黄智龙,刘丛强,等,2002.四川牦牛坪稀土矿床碳酸岩地球化学[J].中国科学(D辑:地球科学),32(8):635-643.

[28] 杨光明,常诚,左大华,等,1998.四川省德昌县D轻REE矿床成矿条件研究[R].武汉:中国地质大学(武汉)对外开放资料.

[29] 杨立强,邓军,赵凯,等,2011.哀牢山造山带金矿成矿时序及其动力学背景探讨[J].岩石学报,27(9):2519-2532.

[30] 杨学明,杨晓勇,范宏瑞,等,2000.霓长岩岩石学特征及其地质意义评述[J].地质论评,46(5):481-490.

[31] 袁忠信,1995.四川冕宁牦牛坪稀土矿床[M].北京:地震出版社.

[32] 郑旭,刘琰,欧阳怀,等,2019. 川西冕宁木落寨碳酸岩型稀土矿床流体演化对成矿的制约:来自包裹体和稳定同位素的证据[J]. 岩石学报,35(5):1389-1406.

[33] AFSHOONI S Z,MIRNEJAD H,ESMAEILY D,et al,2013. Mineral chemistry of hydrothermal biotite from the Kahang porphyry copper deposit(NE Isfahan),Central Province of Iran[J]. Ore geology reviews,54:214-232.

[34] ANDERSON R,GRAHAM C M,BOYCE A J,et al,2004. Metamorphic and basin fluids in quartz-carbonate-sulphide veins in the SW Scottish Highlands:a stable isotope and fluid inclusion study[J]. Geofluids,4(2):169-185.

[35] ANENBURG M,MAVROGENES J A,FRIGO C,et al,2020. Rare earth element mobility in and around carbonatites controlled by sodium,potassium,and silica[J]. Science advances,6(41):6570.

[36] AYATI F,YAVUZ F,NOGHREYAN M,et al,2008. Chemical characteristics and composition of hydrothermal biotite from the Dalli porphyry copper prospect,Arak,central Province of Iran[J]. Mineralogy and petrology,94(1/2):107-122.

[37] BELL K,BLENKINSOP J,1987. Nd and Sr isotopic compositions of East African carbonatites:implications for mantle heterogeneity[J]. Geology,15(2):99.

[38] BELL K,RUKHLOV A S,2004. Carbonatites from the Kola Alkaline Province:origin,evolution and source characteristics [M]//Phoscorites and carbonatites from mantle to mine. London:Mineralogical Society of Great Britain and Ireland:433-468.

[39] BELL K,SIMONETTI A,2010. Source of parental melts to carbonatites-critical isotopic constraints[J]. Mineralogy and petrology,98(1/2/3/4):77-89.

[40] BELL K,TILTON G R,2001. Nd,Pb and Sr isotopic compositions of east African carbonatites:evidence for mantle mixing and plume inhomogeneity[J]. Journal of petrology,42(10):1927-1945.

[41] BIZZARRO M,SIMONETTI A,STEVENSON R K,et al,2003. In situ $^{87}$Sr/$^{86}$Sr investigation of igneous apatites and carbonates using laser-ablation MC-ICP-MS[J]. Geochimica et cosmochimica acta,67(2):289-302.

[42] BOWERS T S,HELGESON H C,1983. Calculation of the thermodynamic and geochemical consequences of nonideal mixing in the system $H_2O$-$CO_2$-NaCl on phase relations in geologic systems: equation of state for $H_2O$-$CO_2$-NaCl fluids at high pressures and temperatures[J]. Geochimica et cosmochimica acta,47(7):1247-1275.

[43] BRAUNGER S,MARKS M A W,WALTER B F,et al,2018. The petrology of the kaiserstuhl volcanic complex,SW Germany: the importance of metasomatized and oxidized lithospheric mantle for carbonatite generation [J]. Journal of petrology,59(9):1731-1762.

[44] BROD J A,GASPAR J C,DE ARAÚJO D P,et al,2001. Phlogopite and tetra-ferriphlogopite from Brazilian carbonatite complexes: petrogenetic constraints and implications for mineral-chemistry systematics[J]. Journal of Asian earth sciences,19(3):265-296.

[45] BROWN P E,HAGEMANN S G,1995. MacFlinCor and its application to fluids in Archean lode-gold deposits[J]. Geochimica et cosmochimica acta,59(19):3943-3952.

[46] BROWN P E,1989. FLINCOR: a microcomputer program for the reduction and investigation of fluid-inclusion data[J]. American mineralogist, 74(11/12):1390-1393.

[47] BÜHN B,RANKIN A H,1999. Composition of natural,volatile-rich Na-Ca-REE-Sr carbonatitic fluids trapped in fluid inclusions[J]. Geochimica et cosmochimica acta,63(22):3781-3797.

[48] CASTOR S B,2008. The mountain pass rare-earth carbonatite and associated ultrapotassic rocks,California[J]. The Canadian mineralogist,46(4): 779-806.

[49] CHAKHMOURADIAN A R,REGUIR E P,COUËSLAN C,et al,2016. Calcite and dolomite in intrusive carbonatites. II. Trace-element variations[J]. Mineralogy and petrology,110(2/3):361-377.

[50] CHEN B,NIU X L,WANG Z Q,et al,2013. Geochronology,petrology, and geochemistry of the Yaojiazhuang ultramafic-syenitic complex from the North China Craton[J]. Science China earth sciences,56:1294-1307.

[51] CHEN W,HUANG H H,BAI T,et al,2017. Geochemistry of monazite within carbonatite related REE deposits[J]. Resources,6(4):51.

[52] CHIARADIA M,2014. Copper enrichment in arc magmas controlled by

overriding plate thickness[J]. Nature geoscience,7(1):43-46.

[53] CLAYTON R N,MAYEDA T K,1963. The use of bromine pentafluoride in the extraction of oxygen from oxides and silicates for isotopic analysis [J]. Geochimica et cosmochimica acta,27(1):43-52.

[54] CLAYTON R N,O'NEIL J R,MAYEDA T K,1972. Oxygen isotope exchange between quartz and water[J]. Journal of geophysical research,77 (17):3057-3067.

[55] COLLINS P L F,1979. Gas hydrates in $CO_2$-bearing fluid inclusions and the use of freezing data for estimation of salinity[J]. Economic geology, 74(6):1435-1444.

[56] COOPER A F,PALIN J M,COLLINS A K,2016. Fenitization of metabasic rocks by ferrocarbonatites at haast river,New Zealand[J]. Lithos,244: 109-121.

[57] CORFU F,2003. Atlas of zircon textures[J]. Reviews in mineralogy and geochemistry,53(1):469-500.

[58] CUI H,ZHONG R C,XIE Y L,et al,2020. Forming sulfate- and REE-rich fluids in the presence of quartz[J]. Geology,48(2):145-148.

[59] DASGUPTA R,HIRSCHMANN M M,MCDONOUGH W F,et al,2009. Trace element partitioning between garnet lherzolite and carbonatite at 6.6 and 8.6 GPa with applications to the geochemistry of the mantle and of mantle-derived melts[J]. Chemical geology,262(1/2):57-77.

[60] DEMÉNY A,AHIJADO A,CASILLAS R,et al,1998. Crustal contamination and fluid/rock interaction in the carbonatites of Fuerteventura (Canary Islands,Spain):a C,O,H isotope study[J]. Lithos,44(3/4):101-115.

[61] DENG J,WANG C M,BAGAS L,et al,2017a. Insights into ore genesis of the Jinding Zn-Pb deposit,Yunnan Province,China:evidence from Zn and in situ S isotopes[J]. Ore geology reviews,90:943-957.

[62] DENG J,WANG Q F,LI G J,et al,2014a. Cenozoic tectono-magmatic and metallogenic processes in the Sanjiang region,Southwestern China[J]. Earth-science reviews,138:268-299.

[63] DENG J,WANG Q F,LI G J,et al,2014b. Tethys tectonic evolution and its bearing on the distribution of important mineral deposits in the Sanjiang region,SW China[J]. Gondwana research,26(2):419-437.

[64] DENG J,WANG Q F,LI G J,2017b. Tectonic evolution,superimposed orogeny,and composite metallogenic system in China[J]. Gondwana research,50:216-266.

[65] DENG J,WANG Q F,2016. Gold mineralization in China:Metallogenic provinces,deposit types and tectonic framework[J]. Gondwana research, 36:219-274.

[66] DRIESNER T,HEINRICH C A,2007. The system $H_2O$-NaCl. Part I:correlation formulae for phase relations in temperature-pressure-composition space from 0 to 1 000 ℃,0 to 5 000 bar,and 0 to 1 X-NaCl[J]. Geochimica et cosmochimica acta,71(20):4880-4901.

[67] EDGAR A D,ARIMA M,1985. Fluorine and chlorine contents of phlogopites crystallized from ultrapotassic rock compositions in high pressure experiments:implication for halogen reservoirs in source regions [J]. American mineralogist,70:529-536.

[68] EGGERT R,WADIA C,ANDERSON C,et al,2016. Rare earths:market disruption,innovation,and global supply chains[J]. Annual review of environment and resources,41:199-222.

[69] ELLIOTT H A L,WALL F,CHAKHMOURADIAN A R,et al,2018. Fenites associated with carbonatite complexes:a review[J]. Ore geology reviews,93:38-59.

[70] FAN H R,HU F F,YANG K F,et al,2006. Fluid unmixing/immiscibility as an ore-forming process in the giant REE-Nb-Fe deposit,Inner Mongolian,China:evidence from fluid inclusions[J]. Journal of geochemical exploration,89(1/2/3):104-107.

[71] FAN H R,XIE Y H,WANG K Y,et al,2004. REE daughter minerals trapped in fluid inclusions in the giant Bayan obo REE-Nb-Fe deposit,Inner Mongolia,China[J]. International geology review,46(7):638-645.

[72] FOURNIER R O,1999. Hydrothermal processes related to movement of fluid from plastic into brittle rock in the magmatic-epithermal environment[J]. Economic geology,94(8):1193-1211.

[73] GALINDO C,TORNOS F,DARBYSHIRE D P F,et al,1994. The age and origin of the barite-fluorite (Pb-Zn) veins of the Sierra del Guadarrama(Spanish Central System,Spain):a radiogenic (Nd,Sr) and stable isotope study[J]. Chemical geology,112(3/4):351-364.

[74] GAO L G,CHEN Y W,BI X W,et al,2021. Genesis of carbonatite and associated U-Nb-REE mineralization at Huayangchuan, central China: insights from mineral paragenesis, chemical and Sr-Nd-C-O isotopic compositons of calcite[J]. Ore geology reviews,138:104310.

[75] GIEBEL R J,MARKS M A W,GAUERT C D K,et al,2019. A model for the formation of carbonatite-phoscorite assemblages based on the compositional variations of mica and apatite from the Palabora Carbonatite Complex,South Africa[J]. Lithos,324/325:89-104.

[76] GRIFFIN W L,BEGG G C,O'REILLY S Y,2013. Continental-root control on the genesis of magmatic ore deposits[J]. Nature geoscience,6 (11):905-910.

[77] GROVES D I,GOLDING S D,ROCK N M S,et al,1988. Archaean carbon reservoirs and their relevance to the fluid source for gold deposits[J]. Nature,331(6153):254-257.

[78] GUO D X, LIU Y, 2019. Occurrence and geochemistry of bastnäsite in carbonatite-related REE deposits, Mianning-Dechang REE belt, Sichuan Province,SW China[J]. Ore geology reviews,107:266-282.

[79] GUO Z F, HERTOGEN J,LIU J Q,et al,2004. Potassic magmatism in western Sichuan and Yunnan provinces,SE Tibet,China:petrological and geochemical constraints on petrogenesis[J]. Journal of petrology,46(1): 33-78.

[80] GYSI A P,WILLIAMS-JONES A E,2015. The thermodynamic properties of bastnäsite-(Ce) and parisite-(Ce)[J]. Chemical geology,392:87-101.

[81] HAAS J R,SHOCK E L,SASSANI D C,1995. Rare earth elements in hydrothermal systems:estimates of standard partial molal thermodynamic properties of aqueous complexes of the rare earth elements at high pressures and temperatures[J]. Geochimica et cosmochimica acta,59(21): 4329-4350.

[82] HALL D L,BODNAR R,CRAIG J,1991. Evidence for postentrapment diffusion of hydrogen into peak metamorphic fluid inclusions from the massive sulfide deposits at Ducktown,Tennessee[J]. American mineralogist,76:1344-1355.

[83] HARMER R E,GITTINS J,1998. The case for primary,mantle-derived carbonatite magma[J]. Journal of petrology,39(11/12):1895-1903.

[84] HEDENQUIST J W, ARRIBAS A, REYNOLDS T J, 1998. Evolution of an intrusion-centered hydrothermal system: far southeast-lepanto porphyry and epithermal Cu-Au deposits, Philippines[J]. Economic geology, 93 (4): 373-404.

[85] HOERNLE K, TILTON G, LE BAS M J, et al, 2002. Geochemistry of oceanic carbonatites compared with continental carbonatites: mantle recycling of oceanic crustal carbonate[J]. Contributions to mineralogy and petrology, 142(5): 520-542.

[86] HONG J, JI W H, YANG X Y, et al, 2019. Origin of a Miocene alkaline-carbonatite complex in the Dunkeldik area of Pamir, Tajikistan: Petrology, geochemistry, LA-ICP-MS zircon U-Pb dating, and Hf isotope analysis [J]. Ore geology reviews, 107: 820-836.

[87] HOU T, CHARLIER B, HOLTZ F, et al, 2018. Immiscible hydrous Fe-Ca-P melt and the origin of iron oxide-apatite ore deposits[J]. Nature communications, 9: 1415.

[88] HOU Z Q, COOK N J, 2009. Metallogenesis of the Tibetan collisional orogen: a review and introduction to the special issue[J]. Ore geology reviews, 36(1/2/3): 2-24.

[89] HOU Z Q, LIU Y, TIAN S H, et al, 2015. Formation of carbonatite-related giant rare-earth-element deposits by the recycling of marine sediments [J]. Scientific reports, 5: 10231.

[90] HOU Z Q, TIAN S H, YUAN Z X, et al, 2006. The Himalayan collision zone carbonatites in western Sichuan, SW China: Petrogenesis, mantle source and tectonic implication[J]. Earth and planetary science letters, 244(1/2): 234-250.

[91] HU Z C, LIU Y S, CHEN L, et al, 2011. Contrasting matrix induced elemental fractionation in NIST SRM and rock glasses during laser ablation ICP-MS analysis at high spatial resolution[J]. Journal of analytical atomic spectrometry, 26(2): 425-430.

[92] JIA Y H, LIU Y, 2019. REE enrichment during magmatic-hydrothermal processes in carbonatite-related REE deposits: a case study of the Weishan REE deposit, China[J]. Minerals, 10(1): 25.

[93] KATO Y, FUJINAGA K, NAKAMURA K, et al, 2011. Deep-sea mud in the Pacific Ocean as a potential resource for rare-earth elements[J]. Na-

ture geoscience,4(8):535-539.

[94] KRESTEN P,1988. The chemistry of fenitization:examples from fen, Norway[J]. Chemical geology,68(3/4):329-349.

[95] LE BAS M J,2008. Fenites associated with carbonatites[J]. The Canadian mineralogist,46(4):915-932.

[96] LEHMANN B,NAKAI S,HÖHNDORF A,et al,1994. REE mineralization at Gakara,Burundi:evidence for anomalous upper mantle in the western Rift Valley[J]. Geochimica et cosmochimica acta,58(2):985-992.

[97] LI X C,ZHOU M F,2017. Hydrothermal alteration of monazite-(Ce) and chevkinite-(Ce) from the sin quyen Fe-Cu-LREE-Au deposit,northwestern Vietnam[J]. American mineralogist,102(7):1525-1541.

[98] LI X C,ZHOU M F,2018. The nature and origin of hydrothermal REE mineralization in the sin quyen deposit,northwestern Vietnam[J]. Economic geology,113(3):645-673.

[99] LING X X,LI Q L,LIU Y,et al,2016. In situ SIMS Th-Pb dating of bastnaesite:constraint on the mineralization time of the Himalayan Mianning-Dechang rare earth element deposits[J]. Journal of analytical atomic spectrometry,31(8):1680-1687.

[100] LIU S,FAN H R,YANG K F,et al,2018. Fenitization in the giant Bayan obo REE-Nb-Fe deposit:implication for REE mineralization[J]. Ore geology reviews,94:290-309.

[101] LIU Y,CHAKHMOURADIAN A R,HOU Z Q,et al,2019a. Development of REE mineralization in the giant Maoniuping deposit(Sichuan, China):insights from mineralogy,fluid inclusions,and trace-element geochemistry[J]. Mineralium deposita,54(5):701-718.

[102] LIU Y,CHEN Z Y,YANG Z S,et al,2015a. Mineralogical and geochemical studies of brecciated ores in the dalucao REE deposit,Sichuan Province,southwestern China[J]. Ore geology reviews,70:613-636.

[103] LIU Y,HOU Z Q,TIAN S H,et al,2015b. Zircon U-Pb ages of the Mianning-Dechang syenites, Sichuan Province, southwestern China:constraints on the giant REE mineralization belt and its regional geological setting[J]. Ore geology reviews,64:554-568.

[104] LIU Y,HOU Z Q,ZHANG R Q,et al,2019b. Zircon alteration as a proxy for rare earth element mineralization processes in carbonatite-nor-

dmarkite complexes of the Mianning-Dechang rare earth element belt, China[J]. Economic geology,114(4):719-744.

[105] LIU Y,HOU Z Q,2017. A synthesis of mineralization styles with an integrated genetic model of carbonatite-syenite-hosted REE deposits in the Cenozoic Mianning-Dechang REE metallogenic belt,the eastern Tibetan Plateau,southwestern China[J]. Journal of asian earth sciences,137: 35-79.

[106] LIU Y,ZHU Z M,CHEN C,et al,2015c. Geochemical and mineralogical characteristics of weathered ore in the Dalucao REE deposit,Mianning-Dechang REE Belt,western Sichuan Province,Southwestern China[J]. Ore geology reviews,71:437-456.

[107] LOWENSTERN J B,2001. Carbon dioxide in magmas and implications for hydrothermal systems[J]. Mineralium deposita,36(6):490-502.

[108] MENUGE J F,FEELY M,O'REILLY C,1997. Origin and granite alteration effects of hydrothermal fluid:isotopic evidence from fluorite veins, Co. Galway,Ireland[J]. Mineralium deposita,32(1):34-43.

[109] MIGDISOV A A,WILLIAMS-JONES A E,WAGNER T,2009. An experimental study of the solubility and speciation of the Rare Earth Elements (Ⅲ) in fluoride- and chloride- bearing aqueous solutions at temperatures up to 300 ℃[J]. Geochimica et cosmochimica acta,73(23): 7087-7109.

[110] MIGDISOV A A,WILLIAMS-JONES A E,2014. Hydrothermal transport and deposition of the rare earth elements by fluorine-bearing aqueous liquids[J]. Mineralium deposita,49(8):987-997.

[111] MOORE M,CHAKHMOURADIAN A R,MARIANO A N,et al,2015. Evolution of rare-earth mineralization in the Bear Lodge carbonatite, Wyoming:mineralogical and isotopic evidence[J]. Ore geology reviews, 64:499-521.

[112] MOROGAN V,WOOLLEY A R,1988. Fenitization at the alnö carbonatite complex,Sweden:distribution,mineralogy and genesis[J]. Contributions to mineralogy and petrology,100(2):169-182.

[113] MOROGAN V,1989. Mass transfer and REE mobility during fenitization at alnö,Sweden[J]. Contributions to mineralogy and petrology,103 (1):25-34.

[114] MOSHEFI P,HOSSEINZADEH M R,MOAYYED M,et al,2018. Comparative study of mineral chemistry of four biotite types as geochemical indicators of mineralized and barren intrusions in the Sungun Porphyry Cu-Mo deposit,northwestern Iran[J]. Ore geology reviews,97:1-20.

[115] NELSON D R,CHIVAS A R,CHAPPELL B W,et al,1988. Geochemical and isotopic systematics in carbonatites and implications for the evolution of ocean-island sources[J]. Geochimica et cosmochimica acta,52 (1):1-17.

[116] PANDUR K,KONTAK D J,ANSDELL K M,2014. Hydrothermal evolution in the hoidas lake vein-type ree deposit,Saskatchewan,Canada: constraints from fluid inclusion microthermometry and evaporate mound analysis[J]. The Canadian mineralogist,52(4):717-744.

[117] PARSAPOOR A,KHALILI M,TEPLEY F,et al,2015. Mineral chemistry and isotopic composition of magmatic,re-equilibrated and hydrothermal biotites from Darreh-Zar porphyry copper deposit,Kerman (Southeast of Iran)[J]. Ore geology reviews,66:200-218.

[118] PLANK T,LANGMUIR C H,1998. The chemical composition of subducting sediment and its consequences for the crust and mantle[J]. Chemical geology,145(3/4):325-394.

[119] REGUIR E P,CHAKHMOURADIAN A R,HALDEN N M,et al,2009. Major- and trace- element compositional variation of phlogopite from kimberlites and carbonatites as a petrogenetic indicator[J]. Lithos,112: 372-384.

[120] ROBERT J L,1976. Titanium solubility in synthetic phlogopite solid solutions[J]. Chemical geology,17:213-227.

[121] ROEDDER E,BODNAR R J,1980. Geologic pressure determinations from fluid inclusion studies[J]. Annual review of earth and planetary sciences,8:263-301.

[122] RUSK B G,REED M H,DILLES J H,2008. Fluid inclusion evidence for magmatic-hydrothermal fluid evolution in the porphyry copper-molybdenum deposit at butte,Montana[J]. Economic geology,103(2):307-334.

[123] SAMSON I M,LIU W N,WILLIAMS-JONES A E,1995a. The nature of orthomagmatic hydrothermal fluids in the Oka carbonatite,Quebec,Canada:evidence from fluid inclusions[J]. Geochimica et cosmochimica acta,

59(10):1963-1977.

[124] SAMSON I M,WILLIAMS-JONES A E,LIU W N,1995b. The chemistry of hydrothermal fluids in carbonatites:evidence from leachate and SEM-decrepitate analysis of fluid inclusions from Oka, Quebec, Canada [J]. Geochimica et cosmochimica acta,59(10):1979-1989.

[125] SELBY D,NESBITT B E,2000. Chemical composition of biotite from the Casino porphyry Cu-Au-Mo mineralization, Yukon, Canada: evaluation of magmatic and hydrothermal fluid chemistry[J]. Chemical geology,171(1/2):77-93.

[126] SHEARD E R,WILLIAMS-JONES A E,HEILIGMANN M,et al,2012. Controls on the concentration of zirconium, niobium, and the rare earth elements in the Thor Lake rare metal deposit,northwest territories,Canada[J]. Economic geology,107(1):81-104.

[127] SHU X C,LIU Y,LI D L,2020a. Contrasting composition of two biotite generations in the Lizhuang rare-earth element deposit, Sichuan Province,Southwestern China[J]. Geological journal,55(12):7638-7658.

[128] SHU X C, LIU Y, LI D L,2020b. Fluid inclusions as an indicator for REE mineralization in the lizhuang deposit,Sichuan Province,southwest China[J]. Journal of geochemical exploration,213:106518.

[129] SHU X C,LIU Y,2019. Fluid inclusion constraints on the hydrothermal evolution of the Dalucao Carbonatite-related REE deposit,Sichuan Province,China[J]. Ore geology reviews,107:41-57.

[130] SIAHCHESHM K,CALAGARI A A,ABEDINI A,et al,2012. Halogen signatures of biotites from the Maher-Abad porphyry copper deposit, Iran:characterization of volatiles in syn- to post- magmatic hydrothermal fluids[J]. International geology review,54(12):1353-1368.

[131] SILLITOE R H,2010. Porphyry copper systems[J]. Economic geology, 105(1):3-41.

[132] SIMONETTI A,BELL K,VILADKAR S G,1995. Isotopic data from the Amba Dongar Carbonatite Complex, west-central India:evidence for an enriched mantle source[J]. Chemical geology,122(1/2/3/4):185-198.

[133] STOPPA F,ROSATELLI G,WALL F,et al,2005. Geochemistry of carbonatite-silicate pairs in nature:a case history from Central Italy[J]. Lithos,85(1/2/3/4):26-47.

[134] SUN W H,ZHOU M F,GAO J F,et al,2009. Detrital zircon U-Pb geochronological and Lu-Hf isotopic constraints on the Precambrian magmatic and crustal evolution of the western Yangtze Block,SW China[J]. Precambrian research,172(1/2):99-126.

[135] TANG P,TANG J X,LIN B,et al,2019. Mineral chemistry of magmatic and hydrothermal biotites from the bangpu porphyry Mo(Cu) deposit, Tibet[J]. Ore Geology reviews,115:103122.

[136] TAYLOR H P,FRECHEN J,DEGENS E T,1967. Oxygen and carbon isotope studies of carbonatites from the Laacher See District,West Germany and the Alnö District,Sweden[J]. Geochimica et cosmochimica acta,31(3):407-430.

[137] TAYLOR H P,1974. The application of oxygen and hydrogen isotope studies to problems of hydrothermal alteration and ore deposition[J]. Economic geology,69(6):843-883.

[138] TEIBER H,MARKS M A W,ARZAMASTSEV A A,et al,2015. Compositional variation in apatite from various host rocks:clues with regards to source composition and crystallization conditions[J]. Neues jahrbuch für mineralogie-abhandlungen,192(2):151-167.

[139] TIAN S H,HOU Z Q,SU A N,et al,2015. The anomalous lithium isotopic signature of Himalayan collisional zone carbonatites in western Sichuan,SW China:Enriched mantle source and petrogenesis[J]. Geochimica et cosmochimica acta,159:42-60.

[140] TISCHENDORF G,GOTTESMANN B,FÖRSTER H J,et al,1997. On Li-bearing micas:estimating Li from electron microprobe analyses and an improved diagram for graphical representation[J]. Mineralogical magazine,61(409):809-834.

[141] TROFANENKO J, WILLIAMS-JONES A E, SIMANDL G J, et al, 2016. The nature and origin of the REE mineralization in the wicheeda carbonatite,British Columbia, Canada[J]. Economic geology, 111(1): 199-223.

[142] VEKSLER I V,PETIBON C,JENNER G A,et al,1998. Trace element partitioning in immiscible silicate-carbonate liquid systems:an initial experimental study using a centrifuge autoclave[J]. Journal of petrology, 39(11/12):2095-2104.

[143] WANG C M,BAGAS L,CHEN J Y,et al,2018. The genesis of the Liancheng Cu-Mo deposit in the Lanping Basin of SW China:constraints from geology,fluid inclusions,and Cu-S-H-O isotopes[J]. Ore geology reviews,92:113-128.

[144] WANG C M,BAGAS L,LU Y J,et al,2016. Terrane boundary and spatio-temporal distribution of ore deposits in the Sanjiang Tethyan Orogen:insights from zircon Hf-isotopic mapping[J]. Earth-science reviews, 156:39-65.

[145] WENG Q,YANG W B,NIU H C,et al,2021. Two discrete stages of fenitization in the Lizhuang REE deposit,SW China:implications for REE mineralization[J]. Ore geology reviews,133:104090.

[146] WENG Z H,JOWITT S M,MUDD G M,et al,2015. A detailed assessment of global rare earth element resources:opportunities and challenges [J]. Economic geology,110(8):1925-1952.

[147] WILLIAMS-JONES A E,MIGDISOV A A,SAMSON I M,2012. Hydrothermal mobilisation of the rare earth elements-a tale of "ceria" and "yttria"[J]. Elements,8(5):355-360.

[148] WILLIAMS-JONES A E,SAMSON I M,AULT K M,et al,2010. The genesis of distal zinc skarns:evidence from the mochito deposit,Honduras[J]. Economic geology,105(8):1411-1440.

[149] WILLIAMS-JONES A E,SAMSON I M,OLIVO G R,2000. The genesis of hydrothermal fluorite-REE deposits in the gallinas mountains, new Mexico[J]. Economic geology,95(2):327-341.

[150] WOOD S A,1990. The aqueous geochemistry of the rare-earth elements and yttrium:2. Theoretical predictions of speciation in hydrothermal solutions to 350 ℃ at saturation water vapor pressure[J]. Chemical geology,88(1/2):99-125.

[151] WOOLLEY A R,KJARSGAARD B A,2008. Paragenetic types of carbonatite as indicated by the diversity and relative abundances of associated silicate rocks:evidence from a global database[J]. The Canadian mineralogist,46(4):741-752.

[152] XIE Y L,HOU Z Q,YIN S P,et al,2009. Continuous carbonatitic melt-fluid evolution of a REE mineralization system:evidence from inclusions in the Maoniuping REE Deposit,Western Sichuan,China[J]. Ore geolo-

gy reviews,36(1/2/3):90-105.

[153] XIE Y L,LI Y X,HOU Z Q,et al,2015. A model for carbonatite hosted REE mineralization-the Mianning-Dechang REE belt, western Sichuan Province,China[J]. Ore geology reviews,70:595-612.

[154] XU C,CAMPBELL I H,KYNICKY J,et al,2008. Comparison of the daluxiang and maoniuping carbonatitic REE deposits with Bayan obo REE deposit,China[J]. Lithos,106(1/2):12-24.

[155] XU C,CHAKHMOURADIAN A R,TAYLOR R N,et al,2014. Origin of carbonatites in the South Qinling orogen:implications for crustal recycling and timing of collision between the South and North China Blocks [J]. Geochimica et cosmochimica acta,143:189-206.

[156] XU C,TAYLOR R N,LI W B,et al,2012. Comparison of fluorite geochemistry from REE deposits in the Panxi region and Bayan Obo,China [J]. Journal of Asian earth sciences,57:76-89.

[157] XU W Y,PAN F C,QU X M,et al,2009. Xiongcun,Tibet:a telescoped system of veinlet-disseminated Cu(Au) mineralization and late vein-style Au(Ag)-polymetallic mineralization in a continental collision zone[J]. Ore geology reviews,36(1/2/3):174-193.

[158] YANG K F,FAN H R,SANTOSH M,et al,2011. Mesoproterozoic mafic and carbonatitic dykes from the northern margin of the North China Craton:implications for the final breakup of Columbia supercontinent [J]. Tectonophysics,498(1/2/3/4):1-10.

[159] YANG W B,NIU H C,SHAN Q,et al,2014. Geochemistry of primary-carbonate bearing K-rich igneous rocks in the Awulale Mountains,western Tianshan:implications for carbon-recycling in subduction zone[J]. Geochimica et cosmochimica acta,143:143-164.

[160] YANG X Y,LAI X D,PIRAJNO F,et al,2017. Genesis of the Bayan Obo Fe-REE-Nb formation in Inner Mongolia, North China Craton:a perspective review[J]. Precambrian research,288:39-71.

[161] YANG X Y,SUN W D,ZHANG Y X,et al,2009. Geochemical constraints on the genesis of the Bayan Obo Fe-Nb-REE deposit in Inner Mongolia,China[J]. Geochimica et cosmochimica acta,73(5):1417-1435.

[162] YIN A,HARRISON T M,2000. Geologic evolution of the Himalayan-Tibetan orogen[J]. Annual review of earth and planetary sciences,28:

211-280.

[163] YING J F,ZHOU X H,ZHANG H F,2004. Geochemical and isotopic investigation of the Laiwu-Zibo carbonatites from western Shandong Province,China,and implications for their petrogenesis and enriched mantle source[J]. Lithos,75(3/4):413-426.

[164] ZAJACZ Z, HANLEY J J, HEINRICH C A, et al, 2009. Diffusive reequilibration of quartz-hosted silicate melt and fluid inclusions:are all metal concentrations unmodified? [J]. Geochimica et cosmochimica acta,73(10):3013-3027.

[165] ZHANG D X,LIU Y,PAN J Q,et al,2019. Mineralogical and geochemical characteristics of the Miaoya REE prospect,Qinling orogenic Belt,China:insights from Sr-Nd-C-O isotopes and LA-ICP-MS mineral chemistry[J]. Ore geology reviews,110:102932.

[166] ZHANG H F,SUN M,ZHOU X H,et al,2002. Mesozoic lithosphere destruction beneath the North China Craton:evidence from major-,trace-element and Sr-Nd-Pb isotope studies of Fangcheng basalts[J]. Contributions to mineralogy and petrology,144(2):241-254.

[167] ZHANG W,LENTZ D R,THORNE K G,et al,2016. Geochemical characteristics of biotite from felsic intrusive rocks around the Sisson Brook W-Mo-Cu deposit,west-central New Brunswick:an indicator of halogen and oxygen fugacity of magmatic systems[J]. Ore geology reviews,77:82-96.

[168] ZHENG X,LIU Y,2019. Mechanisms of element precipitation in carbonatite-related rare-earth element deposits:evidence from fluid inclusions in the Maoniuping deposit,Sichuan Province,SouthWestern China[J]. Ore geology reviews,107:218-238.

[169] ZHOU J Y,TAN H Q,GONG D X,et al,2018. Zircon U-Pb age,trace element, and Hf isotopic compositions of nordmarkite in the lizhuang rare earth element deposit in the western margin of the Yangtze block [J]. Acta geologica Sinica-English edition,92(1):225-240.

[170] ZHU C,SVERJENSKY D A,1992. F-Cl-OH partitioning between biotite and apatite[J]. Geochimica et cosmochimica acta,56(9):3435-3467.

[171] ZHU C, SVERJENSKY D A, 1991. Partitioning of F-Cl-OH between minerals and hydrothermal fluids[J]. Geochimica et cosmochimica acta,

55(7):1837-1858.

[172] ZINDLER A,HART S,1986. Chemical geodynamics[J]. Annual review of earth and planetary sciences,14:493-571.

# 附　　录

附表1　里庄矿床碳酸岩、正长岩、霓长岩和矿石的主、微量元素数据总结

| 样品编号 | LZ-01 | LZ-02 | LZ-03 | LZ05 | LZ21 | LZ-07 | LZ01 | LZ02 | LZ03 | LZ13-1-9-1 | LZ13-1-9-2 |
|---|---|---|---|---|---|---|---|---|---|---|---|
| 样品名称 | 碳酸岩 | 碳酸岩 | 碳酸岩 | 正长岩 | 正长岩 | 正长岩 | 矿石 | 矿石 | 矿石 | 霓长岩 | 霓长岩 |
| 数据来源 | Hou 等(2006) | | | 李德良等(2018) | | Hou 等(2006) | 李德良等(2018) | | | 舒小超等(2019) | |
| 主量/% | | | | | | | | | | | |
| $SiO_2$ | 2.61 | 1.56 | <0.01 | 66.7 | 64.7 | 74.8 | 1.49 | 2.59 | 2.49 | 37.8 | 38.0 |
| $TiO_2$ | 0.10 | 0.06 | 0.03 | 0.12 | 0.35 | 0.08 | 0.02 | 0.05 | 0.03 | 1.33 | 1.32 |
| $Al_2O_3$ | 1.20 | 1.34 | 0.98 | 14.9 | 14.6 | 13.3 | 0.26 | 0.60 | 0.48 | 10.4 | 10.4 |
| $Fe_2O_3^T$ | 2.01 | 0.85 | 0.48 | 1.45 | 3.09 | 1.07 | 1.00 | 3.06 | 0.59 | 5.73 | 5.86 |
| MnO | 0.37 | 0.29 | 0.25 | 0.07 | 0.13 | 0.01 | 0.33 | 0.36 | 0.32 | 0.32 | 0.31 |
| MgO | 0.69 | 0.73 | 0.33 | 0.11 | 0.39 | 0.16 | 0.31 | 0.51 | 0.25 | 3.82 | 3.86 |
| CaO | 46.1 | 47.6 | 52.6 | 2.90 | 2.36 | 0.51 | 42.5 | 37.7 | 37.3 | 12.8 | 12.8 |
| $Na_2O$ | 0.41 | 0.01 | 0.26 | 5.49 | 0.85 | 5.46 | 0.00 | 0.00 | 0.00 | 1.31 | 1.32 |
| $K_2O$ | 0.24 | 0.23 | 0.04 | 5.47 | 10.8 | 3.63 | 0.16 | 0.34 | 0.15 | 7.32 | 7.34 |
| $P_2O_5$ | 0.74 | 0.16 | 0.36 | 0.09 | 0.07 | 0.02 | 0.00 | 0.17 | 0.00 | 0.18 | 0.18 |
| $H_2O^+$ | 0.74 | 1.48 | 0.82 | 0.32 | 0.38 | 0.18 | 0.52 | 0.33 | 0.58 | 1.30 | 1.40 |
| SrO | 1.25 | 0.47 | 0.60 | N.O. | N.O. | N.O. | N.O. | N.O. | N.O. | N.O. | N.O. |
| BaO | 6.79 | 3.95 | 5.06 | N.O. | N.O. | N.O. | N.O. | N.O. | N.O. | N.O. | N.O. |

附表 1（续）

| 样品编号 | LZ-01 | LZ-02 | LZ-03 | LZ05 | LZ21 | LZ-07 | LZ01 | LZ02 | LZ03 | LZ13-1-9-1 | LZ13-1-9-2 |
|---|---|---|---|---|---|---|---|---|---|---|---|
| 样品名称 | 碳酸岩 | 碳酸岩 | 碳酸岩 | 正长岩 | 正长岩 | 正长岩 | 矿石 | 矿石 | 矿石 | 霓长岩 | 霓长岩 |
| 数据来源 | Hou 等（2006） | | | 李德良等（2018） | | Hou 等（2006） | 李德良等（2018） | | | 舒小超等（2019） | |
| 微量/ppm | | | | | | | | | | | |
| Li | N.O. | N.O. | N.O. | 5.38 | 9.45 | N.O. | 34.2 | 36.3 | 15.6 | 111 | 111 |
| Be | N.O. | N.O. | N.O. | 5.83 | 1.29 | N.O. | 0.63 | 2.15 | 0.51 | N.O. | N.O. |
| Cr | N.O. | N.O. | N.O. | 5.84 | 5.89 | N.O. | 15.9 | 12.5 | 35.6 | N.O. | N.O. |
| Mn | N.O. | N.O. | N.O. | 430 | 1 142 | N.O. | 2 484 | 2 720 | 2 401 | N.O. | N.O. |
| Co | N.O. | N.O. | N.O. | 1.42 | 2.51 | N.O. | 3.48 | 3.74 | 1.26 | 9.51 | 9.32 |
| Ni | N.O. | N.O. | N.O. | 1.39 | 2.45 | N.O. | 7.08 | 6.72 | 6.35 | 55.5 | 53.5 |
| Cu | N.O. | N.O. | N.O. | 7.33 | 3.20 | N.O. | 23.8 | 7.10 | 2.99 | 14.3 | 14.7 |
| Zn | N.O. | N.O. | N.O. | 25.7 | 41.9 | N.O. | 38.1 | 52.3 | 24.8 | 489 | 489 |
| Ga | N.O. | N.O. | N.O. | 27.2 | 16.7 | N.O. | 26.3 | 27.1 | 36.6 | 41.6 | 40.1 |
| Rb | 12.4 | 24.3 | 1.03 | 136 | 206 | 135 | 17.3 | 30.3 | 10.90 | 356 | 349 |
| Sr | 10 600 | 4 000 | 5 100 | 634 | 272 | 181 | 53 040 | 72 720 | 74 410 | 12 480 | 12 126 |
| Mo | N.O. | N.O. | N.O. | 0.67 | 0.92 | N.O. | 127 | 188 | 28.50 | 1.28 | 1.33 |
| Cd | N.O. | N.O. | N.O. | 0.08 | 0.00 | N.O. | 1.06 | 3.20 | 0.71 | 0.32 | 0.27 |
| In | N.O. | N.O. | N.O. | 0.00 | 0.13 | N.O. | 0.00 | 0.00 | 0.00 | N.O. | N.O. |
| Cs | N.O. | N.O. | N.O. | 1.09 | 2.86 | N.O. | 0.33 | 0.76 | 0.28 | 8.66 | 8.62 |
| Ba | 60 800 | 35 400 | 45 300 | 2 292 | 2 363 | 186 | 55 850 | 35 300 | 58 420 | 10 466 | 10 309 |
| Tl | N.O. | N.O. | N.O. | 0.78 | 1.16 | N.O. | 0.08 | 0.42 | 0.11 | 2.00 | 2.03 |
| Pb | 88.6 | 126 | 98.5 | 30.1 | 26.3 | 43.8 | 231 | 4 990 | 482 | 90.1 | 88.6 |
| Bi | N.O. | N.O. | N.O. | 0.16 | 0.17 | N.O. | 3.25 | 104 | 20.7 | 1.33 | 1.30 |
| Th | 48.7 | 294 | 46.1 | 256 | 9.99 | 47.2 | 236 | 222 | 300 | 122 | 124 |
| U | 2.78 | 14.4 | 1.37 | 43.3 | 2.68 | 6.10 | 3.55 | 40.3 | 13.4 | 95.1 | 95.0 |
| Nb | 3.42 | 8.07 | 0.88 | 18.2 | 6.27 | 13.00 | 1.38 | 13.2 | 6.94 | 187 | 184 |
| Ta | 0.08 | 0.35 | 0.14 | 0.88 | 0.43 | 0.63 | 0.25 | 0.21 | 0.13 | 1.88 | 1.90 |

附表 1（续）

| 样品编号 | LZ-01 | LZ-02 | LZ-03 | LZ05 | LZ21 | LZ-07 | LZ01 | LZ02 | LZ03 | LZ13-1-9-1 | LZ13-1-9-2 |
|---|---|---|---|---|---|---|---|---|---|---|---|
| 样品名称 | 碳酸岩 | 碳酸岩 | 碳酸岩 | 正长岩 | 正长岩 | 正长岩 | 矿石 | 矿石 | 矿石 | 霓长岩 | 霓长岩 |
| 数据来源 | Hou 等（2006） | | | 李德良等（2018） | | Hou 等（2006） | 李德良等（2018） | | | 舒小超等（2019） | |
| Zr | 27.9 | 10.2 | 13.4 | 493 | 232 | 81.2 | 0.40 | 6.48 | 1.55 | 104 | 104 |
| Hf | 0.55 | 0.55 | 0.84 | 13.5 | 6.37 | 4.20 | 0.19 | 0.37 | 0.21 | 3.34 | 3.40 |
| Sn | N.O. | N.O. | N.O. | 1.38 | 1.71 | N.O. | 0.19 | 0.66 | 0.36 | N.O. | N.O. |
| Sb | N.O. | N.O. | N.O. | 0.10 | 0.17 | N.O. | 0.08 | 0.36 | 0.12 | N.O. | N.O. |
| Ti | N.O. | N.O. | N.O. | 708 | 2 217 | N.O. | 89.1 | 246 | 99.5 | 7 753 | 7 778 |
| W | N.O. | N.O. | N.O. | 0.46 | 2.60 | N.O. | 0.75 | 5.95 | 1.25 | 5.48 | 4.27 |
| V | N.O. | N.O. | N.O. | 637 | 1 995 | N.O. | 80.2 | 221 | 89.6 | 82.1 | 80.9 |
| La | 3 400 | 14 700 | 3 300 | 76.9 | 38.9 | 42.6 | 13 030 | 11 930 | 16 240 | 2 253 | 2 238 |
| Ce | 4 500 | 19 600 | 4 300 | 161 | 85.3 | 63.3 | 16 410 | 16 350 | 22 990 | 3 561 | 3 492 |
| Pr | 337 | 1 500 | 317 | 21.5 | 10.9 | 5.86 | 1 133 | 1 195 | 1 693 | 350 | 346 |
| Nd | 1 200 | 4 400 | 1 000 | 84.3 | 42.4 | 17.5 | 3 303 | 3 669 | 5 221 | 1 019 | 1 022 |
| Sm | 121 | 279 | 91.7 | 13.1 | 9.39 | 2.03 | 212 | 244 | 329 | 106 | 107 |
| Eu | 32.1 | 49.6 | 21.8 | 3.46 | 2.22 | 0.50 | 42.2 | 48.0 | 59.4 | 22.2 | 22.0 |
| Gd | 84.0 | 206 | 67.9 | 8.15 | 8.07 | 1.33 | 95.6 | 122 | 98.0 | 60.3 | 61.1 |
| Tb | 7.65 | 13.0 | 5.26 | 0.94 | 1.25 | 0.16 | 11.6 | 12.3 | 13.2 | 5.89 | 6.03 |
| Dy | 28.7 | 27.8 | 18.0 | 4.36 | 7.48 | 0.68 | 27.3 | 28.7 | 28.1 | 20.1 | 20.4 |
| Ho | 4.71 | 3.79 | 3.00 | 0.77 | 1.55 | 0.13 | 3.92 | 4.20 | 3.75 | 2.89 | 2.86 |
| Er | 14.40 | 20.2 | 9.86 | 2.11 | 4.58 | 0.46 | 12.7 | 13.6 | 12.7 | 7.25 | 7.37 |
| Tm | 1.53 | 1.02 | 0.92 | 0.30 | 0.68 | 0.07 | 1.13 | 1.16 | 0.92 | 0.84 | 0.84 |
| Yb | 8.81 | 6.12 | 5.45 | 2.01 | 4.45 | 0.51 | 7.90 | 8.20 | 6.84 | 5.56 | 5.43 |
| Lu | 1.26 | 0.83 | 0.80 | 0.31 | 0.69 | 0.08 | 1.08 | 1.12 | 0.93 | 0.72 | 0.71 |
| Sc | 0.52 | 1.16 | 1.05 | 1.97 | 12.9 | 0.16 | 4.23 | 5.46 | 6.99 | 1.90 | 1.70 |
| Y | 128 | 107 | 94.5 | 21.0 | 43.7 | 4.62 | 125 | 129 | 103 | 54.1 | 53.5 |
| $\sum$REE | 9 869 | 40 914 | 9 236 | 400 | 262 | 140 | 34 416 | 33 756 | 46 800 | 7 469 | 7 385 |
| $(La/Yb)_{cn}$ | 277 | 1 723 | 434 | 27.4 | 6.27 | 60.0 | 1 083 | 1 044 | 1 703 | 291 | 296 |

注：N.O.—该数据未获得（Not Obtained）。

**附表 2  大陆槽矿床碳酸岩、正长岩、霓长岩全岩主、微量元素数据总结**

| 样品编号 | DL-17 | DL-20 | DL-22 | DLC 11-19 | DLC 11-20 | DLC 11-21 | DL-12 | DL-14 | DLC-65-1 | DLC-65-2 |
|---|---|---|---|---|---|---|---|---|---|---|
| 数据来源 | Hou 等（2006） | | | Hou 等（2015） | | | Hou 等（2006） | | 舒小超等（2019） | |
| 岩石类型 | 碳酸岩 | 碳酸岩 | 碳酸岩 | 碳酸岩 | 碳酸岩 | 碳酸岩 | 正长岩 | 正长岩 | 霓长岩 | 霓长岩 |
| 主量/% | | | | | | | | | | |
| $SiO_2$ | 2.87 | 10.2 | 7.56 | 1.91 | 4.66 | 1.24 | 63.4 | 66.1 | 50.2 | 50.2 |
| $TiO_2$ | 0.04 | 0.04 | 0.04 | 1.38 | 2.21 | 2.64 | 0.12 | 0.09 | 0.78 | 0.77 |
| $Al_2O_3$ | 0.46 | 0.28 | 0.56 | 0.12 | 0.16 | 0.22 | 19.6 | 19.1 | 17.1 | 17.1 |
| $Fe_2O_3^T$ | 0.81 | 1.30 | 1.36 | 0.57 | 1.83 | 0.45 | 1.68 | 1.40 | 6.76 | 6.70 |
| MnO | 0.34 | 0.30 | 0.35 | 0.30 | 0.30 | 0.14 | 0.02 | 0.02 | 0.14 | 0.14 |
| MgO | 0.41 | 0.43 | 0.44 | 0.01 | 0.01 | 0.01 | 0.13 | 0.36 | 3.57 | 3.58 |
| CaO | 49.2 | 45.8 | 46.7 | 43.3 | 36.5 | 36.8 | 1.42 | 0.48 | 5.73 | 5.72 |
| $Na_2O$ | 0.19 | 0.08 | 0.25 | 0.11 | 0.63 | 0.12 | 7.50 | 8.83 | 5.36 | 5.38 |
| $K_2O$ | 0.04 | 0.05 | 0.03 | 0.02 | 0.02 | 0.02 | 5.05 | 3.64 | 2.60 | 2.60 |
| $P_2O_5$ | 0.20 | 0.26 | 0.14 | 0.08 | 0.45 | 0.10 | 0.01 | 0.02 | 0.20 | 0.20 |
| SrO | 2.45 | 1.95 | 2.01 | N.O. | N.O. | N.O. | N.O. | N.O. | N.O. | N.O. |
| BaO | 0.94 | 0.58 | 0.40 | N.O. | N.O. | N.O. | N.O. | N.O. | N.O. | N.O. |
| 微量/ppm | | | | | | | | | | |
| La | 946 | 884 | 1 400 | 865 | 2 094 | 848 | 23.8 | 17.4 | 95.8 | 93.7 |
| Ce | 1 600 | 1 400 | 2 000 | 1 351 | 3 607 | 1 309 | 30.3 | 22.4 | 188 | 180 |
| Pr | 141 | 124 | 203 | 125 | 352 | 120 | 3.37 | 2.42 | 20.1 | 20.5 |
| Nd | 451 | 384 | 636 | 385 | 1 081 | 372 | 10.7 | 8.15 | 66.2 | 70.6 |
| Sm | 52.9 | 44.1 | 72.1 | 45.3 | 116 | 45.2 | 1.65 | 1.35 | 12.2 | 12.7 |
| Eu | 13.9 | 11.6 | 18.0 | 12.6 | 28.5 | 11.6 | 0.67 | 0.40 | 3.39 | 3.35 |
| Gd | 35.3 | 29.6 | 48.5 | 27.5 | 65.6 | 28.2 | 1.63 | 1.41 | 9.37 | 9.24 |
| Tb | 3.87 | 3.21 | 4.87 | 4.54 | 10.3 | 4.44 | 0.24 | 0.24 | 1.11 | 1.11 |
| Dy | 16.8 | 13.9 | 19.7 | 16.1 | 28.6 | 15.3 | 1.63 | 1.72 | 5.96 | 5.88 |
| Ho | 2.98 | 2.42 | 3.29 | 2.73 | 4.41 | 2.6 | 0.38 | 0.45 | 1.06 | 1.11 |
| Er | 8.52 | 7.13 | 9.59 | 9.00 | 14.7 | 8.07 | 1.17 | 1.78 | 2.95 | 2.90 |
| Tm | 0.99 | 0.82 | 1.02 | 0.95 | 1.24 | 0.81 | 0.18 | 0.37 | 0.38 | 0.41 |
| Yb | 5.40 | 4.70 | 5.82 | 5.63 | 7.59 | 4.68 | 1.20 | 3.64 | 2.46 | 2.55 |
| Y | 91.6 | 77.1 | 92.0 | 82.6 | 104 | 68.7 | 10.8 | 14.9 | 29.8 | 29.5 |
| Lu | 0.65 | 0.61 | 0.74 | 0.67 | 0.99 | 0.55 | 0.20 | 0.95 | 0.35 | 0.37 |

| 样品<br>编号 | DL-17 | DL-20 | DL-22 | DLC<br>11-19 | DLC<br>11-20 | DLC<br>11-21 | DL-12 | DL-14 | DLC-65-1 | DLC-65-2 |
|---|---|---|---|---|---|---|---|---|---|---|
| 数据<br>来源 | Hou 等(2006) | | | Hou 等(2015) | | | Hou 等<br>(2006) | | 舒小超等(2019) | |
| 岩石<br>类型 | 碳酸岩 | 碳酸岩 | 碳酸岩 | 碳酸岩 | 碳酸岩 | 碳酸岩 | 正长岩 | 正长岩 | 霓长岩 | 霓长岩 |
| Cr | N. O. | N. O. | N. O. | 1.36 | 1.26 | 0.78 | N. O. | N. O. | N. O. | N. O. |
| Ni | N. O. | N. O. | N. O. | 18.9 | 16.5 | 16.7 | N. O. | N. O. | 32.4 | 33.5 |
| Rb | 0.85 | 1.35 | N. O. | 4.12 | 4.53 | 4.97 | 67.0 | 58.6 | 159 | 162 |
| Sr | 20 700 | 16 500 | 17 000 | 16 570 | 17 030 | 17 950 | 277 | 155 | 3 694 | 3 668 |
| Ba | 8 400 | 5 200 | N. O. | 73 890 | 81 880 | 73 070 | 440 | 705 | 454 | 457 |
| Th | 5.38 | 5.87 | 18.8 | 4.87 | 24.8 | 2.95 | 6.30 | 49.5 | 4.78 | 4.34 |
| U | 2.72 | 2.99 | 8.27 | 16 | 74.6 | 25.8 | 1.02 | 7.16 | 5.89 | 5.94 |
| Pb | 1 806 | 2 245 | 416 | 736 | 1 137 | 1 354 | 9.21 | 19.5 | 12.9 | 12.8 |
| Nb | 2.94 | 4.98 | 6.20 | 33.6 | 127 | 57.6 | 3.00 | 5.59 | 6.63 | 6.35 |
| Ta | 0.15 | 0.10 | 0.06 | 0.06 | 0.11 | 0.10 | 0.34 | 0.98 | 0.41 | 0.43 |
| Zr | 20.1 | 11.7 | 18.3 | 4.23 | 37.3 | 5.31 | 210 | 279 | 161 | 164 |
| Hf | 0.60 | 0.47 | 0.70 | 0.34 | 0.94 | 0.35 | 10.1 | 23.7 | 4.73 | 4.71 |
| Be | N. O. | N. O. | N. O. | 0.56 | 2.75 | 0.88 | N. O. | N. O. | 9.13 | 8.41 |
| Sc | N. O. | N. O. | N. O. | 4.54 | 5.70 | 3.11 | 0.33 | 1.04 | 16.8 | 16.6 |
| V | N. O. | N. O. | N. O. | 10.3 | 80.1 | 7.39 | N. O. | N. O. | 142 | 145 |
| Cu | N. O. | N. O. | N. O. | 13.5 | 90.5 | 12.6 | N. O. | N. O. | 38.5 | 39.1 |
| Zn | N. O. | N. O. | N. O. | 91.8 | 358 | 261 | N. O. | N. O. | 96.7 | 96.3 |
| Ga | N. O. | N. O. | N. O. | 16.4 | 40.6 | 14.9 | N. O. | N. O. | 23.0 | 23.4 |
| Mo | N. O. | N. O. | N. O. | 1.23 | 1.88 | 4.90 | N. O. | N. O. | 1.22 | 1.46 |
| Cd | N. O. | N. O. | N. O. | 0.65 | 1.21 | 1.39 | N. O. | N. O. | 0.06 | <0.05 |
| W | N. O. | N. O. | N. O. | 1.29 | 2.93 | 3.03 | N. O. | N. O. | 15.1 | 14.4 |
| Cs | N. O. | N. O. | N. O. | 1.71 | 2.01 | 1.66 | N. O. | N. O. | 15.7 | 15.5 |
| Li | N. O. | N. O. | N. O. | 0.79 | 3.11 | 0.67 | N. O. | N. O. | 111 | 111 |
| B | N. O. | N. O. | N. O. | 2.56 | 3.23 | 2.96 | N. O. | N. O. | N. O. | N. O. |
| P | N. O. | N. O. | N. O. | 243 | 1 596 | 328 | N. O. | N. O. | N. O. | N. O. |
| Cl | N. O. | N. O. | N. O. | 45.0 | 65.0 | 65.0 | N. O. | N. O. | N. O. | N. O. |
| $\sum$REE | 3 371 | 2 987 | 4 515 | 2 934 | 7 516 | 2 839 | 87.9 | 77.6 | 439 | 434 |
| $(La/Yb)_{cn}$ | 126 | 135 | 173 | 110 | 198 | 130 | 14.2 | 3.43 | 27.9 | 26.4 |

注:N. O. —该数据未获得(Not Obtained)。

**附表3 里庄和大陆槽矿床碳酸岩(或分离的方解石)与氟碳铈矿的C-O同位素数据总结**

| 样品编号 | 测试对象 | $\delta^{13}C_{V\text{-}PDB}$/‰ | $\delta^{18}O_{V\text{-}SMOW}$/‰ | 数据来源 |
|---|---|---|---|---|
| 里庄矿床 | | | | |
| LZ-127 | 碳酸岩 | −4.5 | 8.8 | Hou 等(2015) |
| LZ11-1-4 | 碳酸岩 | −6.5 | 8.3 | Hou 等(2015) |
| LZ11-1-5 | 碳酸岩 | −6.5 | 8.5 | Hou 等(2015) |
| LZ11-1-6 | 碳酸岩 | −6.4 | 8.5 | Hou 等(2015) |
| LZ11-1-7 | 碳酸岩 | −6.3 | 8.1 | Hou 等(2015) |
| LZ11-1-8 | 碳酸岩 | −6.3 | 8.7 | Hou 等(2015) |
| LZ11-1-11 | 碳酸岩 | −6.5 | 8.6 | Hou 等(2015) |
| LZ-03 | 碳酸岩中方解石 | −4.6 | 9.6 | Hou 等(2006) |
| LZ-09 | 碳酸岩中方解石 | −4.4 | 9.0 | Hou 等(2006) |
| LZ-17 | 碳酸岩中方解石 | −4.7 | 8.7 | Hou 等(2006) |
| LZ11-K1REE | 氟碳铈矿 | −6.9 | 12.3 | Jia 等(2019) |
| LZ11-K2REE | 氟碳铈矿 | −6.8 | 11.9 | Jia 等(2019) |
| LZ11-K3REE | 氟碳铈矿 | −6.7 | 12.0 | Jia 等(2019) |
| LZ11-K4REE | 氟碳铈矿 | −6.7 | 12.1 | Jia 等(2019) |
| 大陆槽矿床 | | | | |
| DLC11-7 | 碳酸岩 | −7.5 | 8.8 | Hou 等(2015) |
| DLC11-9 | 碳酸岩 | −6.1 | 9.8 | Hou 等(2015) |
| DLC11-17 | 碳酸岩 | −6.6 | 8.3 | Hou 等(2015) |
| DLC11-19 | 碳酸岩 | −8.0 | 8.7 | Hou 等(2015) |
| DLC11-20 | 碳酸岩 | −8.2 | 8.0 | Hou 等(2015) |
| DLC11-21 | 碳酸岩 | −7.9 | 8.9 | Hou 等(2015) |
| DLC137 | 碳酸岩 | −8.0 | 8.8 | Hou 等(2015) |
| DLC001-1 | 碳酸岩中方解石 | −8.2 | 8.4 | Hou 等(2015) |
| DLC001-3 | 碳酸岩中方解石 | −8.2 | 8.5 | Hou 等(2015) |

| 样品编号 | 测试对象 | $\delta^{13}C_{\text{V-PDB}}$/‰ | $\delta^{18}O_{\text{V-SMOW}}$/‰ | 数据来源 |
|---|---|---|---|---|
| DLC001-5 | 碳酸岩中方解石 | $-8.0$ | 8.5 | Hou 等(2015) |
| DLC038-1 | 碳酸岩中方解石 | $-8.2$ | 8.2 | Hou 等(2015) |
| DLC040-1 | 碳酸岩中方解石 | $-8.8$ | 8.2 | Hou 等(2015) |
| DL9614 | 碳酸岩 | $-8.3$ | 7.7 | 杨光明等(1998) |
| DL9667(1) | 碳酸岩 | $-5.9$ | 8.6 | 杨光明等(1998) |
| DL9667(2) | 碳酸岩 | $-7.4$ | 7.6 | 杨光明等(1998) |
| DL9614B | 碳酸岩中方解石 | $-8.5$ | 7.5 | 杨光明等(1998) |
| DL9667R | 碳酸岩中方解石 | $-7.2$ | 6.7 | 杨光明等(1998) |
| DL9667H | 碳酸岩中方解石 | $-7.4$ | 7.4 | 杨光明等(1998) |
| DLC11-11REE | 氟碳铈矿 | $-8.1$ | 10.1 | Liu 等(2015b) |
| DLC11-12REE | 氟碳铈矿 | $-8.1$ | 11.0 | Liu 等(2015b) |
| DLC11-13REE | 氟碳铈矿 | $-8.6$ | 11.5 | Liu 等(2015b) |
| DLC11-15REE | 氟碳铈矿 | $-8.7$ | 11.1 | Liu 等(2015b) |
| DLC11-16REE | 氟碳铈矿 | $-8.2$ | 11.6 | Liu 等(2015b) |

附表 4 里庄和大陆槽矿床中碳酸岩(或分离的方解石)与氟碳铈矿的 Sr-Nd-Pb 同位素数据总结

里庄矿床

| 样品编号 | 测试对象 | $^{206}Pb/^{204}Pb$ | $^{207}Pb/^{204}Pb$ | $^{208}Pb/^{204}Pb$ | $^{87}Rb/^{85}Sr$ | $^{87}Sr/^{86}Sr$ | $(^{87}Sr/^{86}Sr)_i$ | $^{147}Sm/^{144}Nd$ | $^{143}Nd/^{144}Nd$ | $\varepsilon Nd(t)$ | $T_{DM}/Ga$ | 数据来源 |
|---|---|---|---|---|---|---|---|---|---|---|---|---|
| LZ-127 | 碳酸岩 | 18.192 6 | 15.587 3 | 38.357 0 | 0.000 600 | 0.706 195 | 0.706 195 | 0.051 500 | 0.512 506 | −1.8 | 0.61 | Hou 等(2015) |
| LZ11-1-4 | 碳酸岩 | 18.212 6 | 15.604 3 | 38.426 0 | 0.001 007 | 0.705 674 | 0.705 674 | 0.072 950 | 0.512 453 | −3.2 | 0.76 | Hou 等(2015) |
| LZ11-1-5 | 碳酸岩 | 18.209 0 | 15.600 6 | 38.416 0 | 0.001 332 | 0.705 733 | 0.705 732 | 0.074 590 | 0.512 449 | −3.1 | 0.77 | Hou 等(2015) |
| LZ11-1-6 | 碳酸岩 | 18.210 9 | 15.603 3 | 38.418 0 | 0.001 098 | 0.705 624 | 0.705 624 | 0.067 970 | 0.512 452 | −3.0 | 0.73 | Hou 等(2015) |
| LZ11-1-7 | 碳酸岩 | 18.217 2 | 15.603 6 | 38.425 0 | 0.001 334 | 0.705 734 | 0.705 733 | 0.063 670 | 0.512 455 | −3.0 | 0.71 | Hou 等(2015) |
| LZ11-1-8 | 碳酸岩 | 18.211 3 | 15.604 5 | 38.423 0 | 0.001 229 | 0.705 789 | 0.705 789 | 0.070 630 | 0.512 460 | −2.9 | 0.74 | Hou 等(2015) |
| LZ-01 | 碳酸岩中方解石 | 18.220 1 | 15.601 7 | 38.434 0 | 0.004 401 | 0.706 305 | 0.706 305 | 0.123 140 | 0.512 372 | −4.9 | 1.31 | Hou 等(2006) |
| LZ-03 | 碳酸岩中方解石 | 18.190 5 | 15.601 4 | 38.401 0 | 0.003 050 | 0.706 713 | 0.706 713 | 0.154 720 | 0.512 412 | −4.2 | 1.91 | Hou 等(2006) |
| LZ-09 | 碳酸岩中方解石 | 18.201 0 | 15.602 5 | 38.408 0 | 0.002 051 | 0.706 997 | 0.706 997 | 0.096 590 | 0.512 432 | −3.6 | 0.94 | Hou 等(2006) |
| LZ-17 | 碳酸岩中方解石 | 18.206 9 | 15.603 8 | 38.424 0 | 0.001 249 | 0.706 314 | 0.706 314 | 0.056 530 | 0.512 441 | −3.2 | 0.69 | Hou 等(2006) |
| LZ11-1-8REE | 氟碳铈矿 | 18.211 3 | 15.604 5 | 38.423 2 | | | | | | | | Jia 等(2019) |
| LZ11-1-11REE | 氟碳铈矿 | 18.494 5 | 15.622 8 | 38.760 2 | | | | | | | | Jia 等(2019) |
| LZ11-K2REE | 氟碳铈矿 | 18.201 9 | 15.602 1 | 38.458 4 | | | | | | | | Jia 等(2019) |
| LZ11-K1REE | 氟碳铈矿 | | | | 0.012 637 | 0.706 030 | 0.706 025 | 0.012 280 | 0.512 455 | −2.9 | | Jia 等(2019) |
| LZ11-K2REE | 氟碳铈矿 | | | | 0.003 148 | 0.706 142 | 0.706 141 | 0.011 658 | 0.512 455 | −2.9 | | Jia 等(2019) |
| LZ11-K3REE | 氟碳铈矿 | | | | 0.002 603 | 0.705 983 | 0.705 982 | 0.015 063 | 0.512 449 | −3.1 | | Jia 等(2019) |
| LZ11-K4REE | 氟碳铈矿 | | | | 0.001 405 | 0.705 981 | 0.705 980 | 0.018 768 | 0.512 447 | −3.1 | | Jia 等(2019) |

附表 4(续)

大陆槽矿床

| 样品编号 | 测试对象 | $^{206}Pb/^{204}Pb$ | $^{207}Pb/^{204}Pb$ | $^{208}Pb/^{204}Pb$ | $^{87}Rb/^{86}Sr$ | $^{87}Sr/^{86}Sr$ | $(^{87}Sr/^{86}Sr)_i$ | $^{147}Sm/^{144}Nd$ | $^{143}Nd/^{144}Nd$ | $\varepsilon Nd(t)$ | $T_{DM}/Ga$ | 数据来源 |
|---|---|---|---|---|---|---|---|---|---|---|---|---|
| DLC11-9 | 碳酸岩 | 18.205 0 | 15.625 4 | 38.613 0 | 0.000 388 | 0.707 527 | 0.707 527 | 0.046 740 | 0.512 358 | −5.2 | 0.72 | Hou 等(2015) |
| DLC11-19 | 碳酸岩 | 18.209 8 | 15.626 6 | 38.626 0 | 0.000 741 | 0.707 596 | 0.707 596 | 0.071 130 | 0.512 348 | −5.5 | 0.86 | Hou 等(2015) |
| DLC11-20 | 碳酸岩 | 18.221 9 | 15.628 7 | 38.638 0 | 0.000 793 | 0.707 696 | 0.707 696 | 0.064 870 | 0.512 346 | −5.5 | 0.82 | Hou 等(2015) |
| DLC11-21 | 碳酸岩 | 18.213 5 | 15.628 5 | 38.635 0 | 0.000 825 | 0.707 266 | 0.707 266 | 0.073 450 | 0.512 347 | −5.5 | 0.87 | Hou 等(2015) |
| DLC001-1 | 碳酸岩中方解石 | 18.272 0 | 15.709 0 | 38.897 0 | 0.001 800 | 0.707 848 | 0.707 848 | | | | | Hou 等(2015) |
| DLC001-3 | 碳酸岩中方解石 | 18.270 0 | 15.708 0 | 39.066 0 | 0.000 400 | 0.707 863 | 0.707 863 | 0.060 900 | 0.512 316 | −6.0 | 0.83 | Hou 等(2015) |
| DLC001-5 | 碳酸岩中方解石 | 18.223 0 | 15.652 0 | 38.705 0 | 0.000 200 | 0.707 863 | 0.707 863 | 0.045 700 | 0.512 327 | −6.8 | 0.75 | Hou 等(2015) |
| DLC038-1 | 碳酸岩中方解石 | 18.270 0 | 15.701 0 | 38.888 0 | 0.000 100 | 0.707 962 | 0.707 962 | 0.070 700 | 0.512 325 | −5.9 | 0.88 | Hou 等(2015) |
| DLC040-1 | 碳酸岩中方解石 | 18.270 0 | 15.713 0 | 38.919 0 | 0.000 600 | 0.707 790 | 0.707 790 | 0.062 000 | 0.512 341 | −5.6 | 0.82 | Hou 等(2015) |
| DL11-61-2REE | 氟碳铈矿 | 18.205 7 | 15.623 5 | 38.614 8 | | | | | | | | Jia 等(2019) |
| DL11-61-4REE | 氟碳铈矿 | 18.217 1 | 15.629 7 | 38.633 5 | | | | | | | | Jia 等(2019) |
| DL11-11REE | 氟碳铈矿 | 18.133 8 | 15.594 1 | 39.494 2 | | | | | | | | Jia 等(2019) |
| DL11-13REE | 氟碳铈矿 | 18.220 6 | 15.625 3 | 39.963 6 | | | | | | | | Jia 等(2019) |
| DL11-14REE | 氟碳铈矿 | 18.202 5 | 15.626 3 | 38.614 3 | | | | | | | | Jia 等(2019) |
| DL11-15REE | 氟碳铈矿 | 18.359 1 | 15.646 4 | 39.831 3 | | | | | | | | Jia 等(2019) |
| DL11-12REE | 氟碳铈矿 | | | | 0.000 692 | 0.707 675 | 0.707 675 | 0.037 726 | 0.512 340 | −5.6 | | Jia 等(2019) |
| DL11-16REE | 氟碳铈矿 | 18.210 9 | 15.626 6 | 38.755 6 | 0.000 179 | 0.708 055 | 0.708 055 | 0.043 917 | 0.512 332 | −5.7 | | Jia 等(2019) |
| DL11-61-4REE | 氟碳铈矿 | 18.218 5 | 15.627 4 | 38.627 5 | 0.000 021 | 0.707 802 | 0.707 802 | 0.064 364 | 0.512 330 | −5.8 | | Jia 等(2019) |

附表5 中国白云鄂博稀土矿床中黑云母电子探针数据及计算的矿物化学参数

| 编号 | 条带状矿石 | | | | | 含条带状矿石的脉体 | |
|---|---|---|---|---|---|---|---|
| | 1995，P3(13) | 1995，P3(17) | 1995，P3(29) | 1996，P4(6) | 1995，P3(18) | 1995，P3(18) | 1995，P3(7) |
| 原始测试数据（引自 Smith et al.，2009) | | | | | | | |
| Na₂O | 0.13 | 0.14 | 0.17 | 0.17 | 0.15 | 0.11 | 0.10 |
| K₂O | 10.5 | 10.6 | 10.6 | 10.6 | 9.88 | 10.0 | 10.2 |
| CaO | 0.04 | 0.16 | 0.12 | 0.15 | 0.07 | 0.06 | 0.00 |
| MgO | 23.4 | 23.1 | 24.2 | 21.6 | 18.7 | 18.5 | 18.1 |
| BaO | / | 0.01 | 0.03 | 0.03 | 2.32 | 0.13 | 0.25 |
| MnO | 0.43 | 0.27 | 0.13 | 0.79 | 1.12 | 0.15 | 0.22 |
| FeO | 6.72 | 7.63 | 5.65 | 8.83 | 13.0 | 13.6 | 13.3 |
| TiO | 0.34 | 0.39 | 0.16 | 0.34 | 0.12 | 0.69 | 0.89 |
| Al₂O₃ | 9.71 | 9.87 | 10.1 | 10.1 | 12.8 | 9.74 | 10.2 |
| SiO₂ | 43.7 | 43.6 | 43.4 | 42.2 | 37.8 | 41.8 | 40.9 |
| H₂O | 2.17 | 2.13 | 2.09 | 2.30 | 2.49 | 2.36 | 2.51 |
| F | 3.93 | 4.00 | 4.12 | 3.50 | 2.77 | 3.23 | 2.87 |
| 重新计算的参数（计算方法据林文蔚等，1994) | | | | | | | |
| Si | 6.27 | 6.24 | 6.23 | 6.18 | 5.77 | 6.21 | 6.14 |
| Al | 1.64 | 1.66 | 1.71 | 1.74 | 2.31 | 1.71 | 1.81 |
| Fe | 0.81 | 0.91 | 0.68 | 1.08 | 1.66 | 1.68 | 1.67 |
| Fe³⁺ | 0.13 | 0.13 | 0.10 | 0.10 | -0.18 | 0.20 | 0.19 |
| Fe²⁺ | 0.68 | 0.79 | 0.58 | 0.98 | 1.84 | 1.48 | 1.48 |
| Mn | 0.05 | 0.03 | 0.02 | 0.10 | 0.14 | 0.02 | 0.03 |
| Mg | 5.01 | 4.93 | 5.18 | 4.71 | 4.25 | 4.08 | 4.03 |
| K | 1.93 | 1.93 | 1.95 | 1.97 | 1.92 | 1.90 | 1.95 |
| F | 1.80 | 1.83 | 1.88 | 1.63 | 1.33 | 1.53 | 1.37 |

附表 6 微山稀土矿床中黑云母电子探针数据及计算的矿物化学参数

| 编号 | SDW16-5-6-1 | SDW16-5-6-1 | SDW16-5-6-1 | SDW16-5-6-1 | SDW16-5-3-1 |
|---|---|---|---|---|---|
| | | 原始测试数据(引自 Jia et al.，2019) | | | |
| $SiO_2$ | 55.6 | 56.6 | 56.6 | 58.8 | 54.2 |
| $TiO_2$ | 0.11 | 0.01 | 0.05 | 0.02 | 0.02 |
| $Al_2O_3$ | 3.11 | 2.76 | 2.41 | 1.91 | 2.93 |
| $FeO$ | 0.32 | 0.33 | 0.24 | 0.18 | 0.14 |
| $MgO$ | 22.6 | 22.7 | 22.2 | 22.9 | 20.7 |
| $Na_2O$ | 0.14 | 0.11 | 0.11 | 0.12 | 0.07 |
| $K_2O$ | 10.2 | 10.2 | 9.92 | 10.1 | 10.2 |
| $F$ | 3.71 | 3.54 | 3.72 | 4.39 | 3.76 |
| $SrO$ | 2.42 | 2.44 | 0.48 | 2.44 | 0.44 |
| 合计 | 98.1 | 96.6 | 95.7 | 100.8 | 92.4 |
| | | 重新计算的参数(计算方法据林文蔚等，1994) | | | |
| $Si$ | 7.77 | 7.84 | 7.91 | 7.99 | 7.88 |
| $Al$ | 0.51 | 0.45 | 0.40 | 0.31 | 0.50 |
| $Fe$ | 0.03 | 0.03 | 0.02 | 0.02 | 0.01 |
| $Fe^{3+}$ | 0.01 | 0.01 | 0.01 | 0.01 | 0.00 |
| $Fe^{2+}$ | 0.03 | 0.03 | 0.02 | 0.02 | 0.01 |
| $Mg$ | 4.70 | 4.68 | 4.62 | 4.63 | 4.49 |
| $Na$ | 0.04 | 0.03 | 0.03 | 0.03 | 0.02 |
| $K$ | 1.81 | 1.80 | 1.77 | 1.74 | 1.89 |

附表 7 印度 Amba Donga 的 Alvikites 碳酸岩杂岩岩体中黑云母电子探针数据及计算的矿物化学参数

| 编号 | 1(15-1) | 2(15-6) | 5 | 7 | 15-3 |
|---|---|---|---|---|---|
| 原始测试数据(引自 Viladkar et al., 2000) | | | | | |
| $SiO_2$ | 38.8 | 40.6 | 34.6 | 39.3 | 39.7 |
| $TiO_2$ | 1.30 | 0.70 | 0.91 | 1.13 | 0.80 |
| $Al_2O_3$ | 9.66 | 8.41 | 7.97 | 8.98 | 8.38 |
| FeO | 14.2 | 16.1 | 28.5 | 7.43 | 13.3 |
| MnO | 1.18 | 0.98 | 0.64 | 1.06 | 0.90 |
| MgO | 17.3 | 16.3 | 11.2 | 5.48 | 19.3 |
| CaO | 0.04 | 0.05 | 0.12 | 0.06 | 0.03 |
| BaO | 0.26 | 0.19 | 0.07 | / | / |
| $Na_2O$ | 0.21 | 0.28 | 0.12 | 0.17 | 0.26 |
| $K_2O$ | 10.1 | 9.90 | 7.65 | 9.97 | 10.5 |
| F | 3.61 | 4.26 | 2.54 | 2.85 | 3.75 |
| 合计 | 96.6 | 97.9 | 94.3 | 76.4 | 96.9 |
| 重新计算的参数(计算方法据林文蔚等,1994) | | | | | |
| Si | 6.01 | 6.26 | 5.85 | 7.28 | 6.15 |
| Al | 1.76 | 1.53 | 1.59 | 1.96 | 1.53 |
| Ti | 0.15 | 0.08 | 0.12 | 0.16 | 0.09 |
| Fe | 1.84 | 2.08 | 4.04 | 1.15 | 1.73 |
| Mn | 0.15 | 0.13 | 0.09 | 0.17 | 0.12 |
| Mg | 3.99 | 3.74 | 2.83 | 1.51 | 4.47 |
| Na | 0.06 | 0.08 | 0.04 | 0.06 | 0.08 |
| K | 1.99 | 1.94 | 1.65 | 2.36 | 2.07 |
| F | 1.78 | 2.09 | 1.36 | 1.69 | 1.83 |

## 附表 8　芬兰 Sokli 碳酸岩杂岩体中黑云母电子探针数据及计算的矿物化学参数

| 编号 | 434R206 | | 469R194 | | 537R166 | | 392R224 | |
|---|---|---|---|---|---|---|---|---|
| | 中心 | 边缘 | 中心 | 边缘 | 中心 | 边缘 | 中心 | 边缘 |
| 原始测试数据（引自 Lee et al., 2003） | | | | | | | | |
| $SiO_2$ | 39.7 | 39.7 | 42.3 | 41.9 | 42.9 | 41.1 | 42.3 | 41.3 |
| $Al_2O_3$ | 15.2 | 15.1 | 11.6 | 12.1 | 11.0 | 2.71 | 9.16 | 3.56 |
| $TiO_2$ | 0.42 | 0.28 | 0.16 | 0.22 | 0.09 | 0.06 | 0.11 | 0.06 |
| $MgO$ | 24.9 | 24.9 | 27.0 | 26.4 | 27.5 | 25.5 | 27.0 | 25.7 |
| $FeO$ | 4.49 | 4.35 | 2.86 | 2.74 | 3.06 | 14.6 | 5.69 | 13.4 |
| $MnO$ | 0.22 | 0.20 | 0.13 | 0.12 | 0.07 | 0.17 | 0.05 | 0.00 |
| $BaO$ | 1.10 | 1.05 | 0.09 | 0.22 | 0.23 | 0.34 | 0.17 | 0.09 |
| $Na_2O$ | 2.07 | 2.12 | 0.28 | 0.42 | 1.01 | 0.55 | 0.23 | 0.22 |
| $K_2O$ | 6.98 | 6.75 | 10.05 | 10.06 | 9.20 | 9.45 | 10.39 | 9.89 |
| F | 0.37 | 0.20 | 0.78 | 0.64 | 0.89 | 0.56 | 0.99 | 0.76 |
| 合计 | 95.5 | 94.6 | 95.2 | 94.9 | 96.0 | 95.0 | 96.1 | 95.0 |
| 重新计算的参数（计算方法据林文蔚等,1994） | | | | | | | | |
| Si | 5.64 | 5.68 | 6.01 | 5.98 | 6.06 | 4.82 | 6.82 | 5.34 |
| Al | 2.55 | 2.54 | 1.94 | 2.03 | 1.83 | 0.37 | 1.74 | 0.54 |
| Ti | 0.04 | 0.03 | 0.02 | 0.02 | 0.01 | 0.01 | 0.01 | 0.01 |
| Fe | 0.53 | 0.52 | 0.34 | 0.33 | 0.36 | 1.43 | 0.77 | 1.45 |
| Mn | 0.03 | 0.02 | 0.02 | 0.01 | 0.01 | 0.02 | 0.01 | 0.00 |
| Mg | 5.28 | 5.29 | 5.71 | 5.61 | 5.78 | 4.45 | 6.50 | 4.96 |
| Na | 0.57 | 0.59 | 0.08 | 0.12 | 0.28 | 0.12 | 0.07 | 0.06 |
| K | 1.27 | 1.23 | 1.82 | 1.83 | 1.66 | 1.41 | 2.14 | 1.63 |
| F | 0.17 | 0.09 | 0.35 | 0.29 | 0.40 | 0.27 | 0.45 | 0.37 |

附表 9 巴西 Tapira 碳酸岩杂岩体中黑云母电子探针数据及计算的矿物化学参数

| 编号 | 碳酸岩（原生云母） | | | | | |
| --- | --- | --- | --- | --- | --- | --- |
| | 原始测试数据（引自 Brod et al. , 2001） | | | | | |
| | 11 | 12 | 13 | 14 | 15 | 16 |
| $SiO_2$ | 43.1 | 39.8 | 39.1 | 40.5 | 38.4 | 41.4 |
| $TiO_2$ | 0.19 | 0.16 | 3.03 | 0.67 | 0.13 | 0.17 |
| $Al_2O_3$ | 0.07 | 0.00 | 10.9 | 5.61 | 3.17 | 8.12 |
| $FeO$ | 5.55 | 7.05 | 10.2 | 9.88 | 14.2 | 2.09 |
| $Fe_2O_3$ | 14.5 | 16.2 | 2.47 | 7.32 | 11.3 | 5.74 |
| $MnO$ | 0.06 | 0.09 | 0.53 | 0.49 | 0.27 | 0.08 |
| $MgO$ | 23.7 | 21.6 | 18.6 | 19.6 | 17.0 | 26.5 |
| $BaO$ | / | 0.03 | / | 0.01 | 0.30 | 0.19 |
| $CaO$ | 0.05 | 0.08 | 0.04 | 0.12 | 0.20 | 0.16 |
| $Na_2O$ | 0.08 | 0.29 | 0.16 | 0.09 | 0.06 | 0.03 |
| $K_2O$ | 8.65 | 9.73 | 10.0 | 9.98 | 9.38 | 10.4 |
| $F$ | 0.23 | 0.30 | 0.28 | 0.41 | 0.17 | 0.06 |
| $H_2O$ | 3.94 | 3.75 | 3.90 | 3.75 | 3.71 | 4.11 |
| 合计 | 100 | 99.1 | 99.3 | 98.5 | 98.4 | 99.0 |

附表 9（续）

碳酸岩（原生云母）

重新计算的参数（计算方法据林文蔚等，1994）

| 编号 | 11 | 12 | 13 | 14 | 15 | 16 |
|------|------|------|------|------|------|------|
| Si | 6.38 | 6.12 | 5.81 | 6.16 | 6.07 | 6.00 |
| Al | 0.01 | 0.00 | 1.91 | 1.01 | 0.59 | 1.38 |
| Ti | 0.02 | 0.02 | 0.34 | 0.08 | 0.02 | 0.02 |
| Fe | 2.30 | 2.79 | 1.55 | 2.09 | 3.23 | 0.88 |
| Mn | 0.01 | 0.01 | 0.07 | 0.06 | 0.04 | 0.01 |
| Mg | 5.23 | 4.96 | 4.11 | 4.45 | 4.01 | 5.71 |
| Na | 0.02 | 0.09 | 0.05 | 0.03 | 0.02 | 0.01 |
| K | 1.63 | 1.91 | 1.89 | 1.94 | 1.89 | 1.91 |
| F | 0.11 | 0.15 | 0.13 | 0.20 | 0.09 | 0.03 |

附表 10　俄罗斯科拉半岛 Kovdor 碳酸岩杂岩体中黑云母电子探针数据及计算的矿物化学参数

| 编号 | 金云母 | | | | 四铁金云母 | | | |
|---|---|---|---|---|---|---|---|---|
| | 6 | 7 | 8 | 9 | 10 | 11 | 12 | 13 |
| | | | 原始测试数据(引自 Krasnova et al., 2004) | | | | | |
| $SiO_2$ | 37.8 | 38.8 | 39.7 | 40.6 | 41.1 | 41.4 | 41.3 | 41.4 |
| $TiO_2$ | 0.26 | 0.14 | 0.12 | 0.13 | 0.15 | 0.16 | 0.13 | 0.31 |
| $Al_2O_3$ | 16.5 | 15.4 | 9.10 | 8.64 | 7.75 | 6.50 | 0.87 | / |
| $Fe_2O_3$ | 2.09 | 2.06 | 7.87 | 7.48 | 5.55 | 6.77 | 19.9 | 19.1 |
| $FeO$ | 1.26 | 1.21 | 1.80 | 2.06 | 2.44 | 2.90 | / | / |
| $MgO$ | 25.4 | 27.5 | 26.9 | 24.5 | 26.4 | 26.1 | 23.7 | 25.3 |
| $MnO$ | 0.04 | 0.07 | 0.02 | 0.05 | 0.05 | 0.05 | / | 0.02 |
| $CaO$ | 0.68 | 0.53 | 0.35 | 1.12 | 0.23 | 0.17 | / | / |
| $Na_2O$ | 0.87 | 0.26 | 0.55 | 1.43 | 0.20 | 0.40 | / | 0.78 |
| $K_2O$ | 9.75 | 9.60 | 9.83 | 9.00 | 9.20 | 9.20 | 10.3 | 10.1 |
| $H_2O$ | 0.26 | 0.21 | / | 0.02 | 0.10 | 0.16 | / | / |
| $H_2O^+$ | 5.04 | 4.10 | / | 5.02 | / | / | / | / |
| $F$ | 0.18 | 0.18 | 1.00 | 0.43 | 0.54 | 0.55 | / | / |

附表 10（续）

重新计算的参数（计算方法据林文蔚等,1994）

| 编号 | 金云母 | | | | 四铁金云母 | | | |
|---|---|---|---|---|---|---|---|---|
| | 6 | 7 | 8 | 9 | 10 | 11 | 12 | 13 |
| Si | 5.39 | 5.45 | 5.69 | 5.89 | 6.02 | 6.07 | 6.11 | 6.08 |
| Al | 2.77 | 2.56 | 1.54 | 1.48 | 1.34 | 1.12 | 0.15 | 0.00 |
| Fe | 0.37 | 0.36 | 1.07 | 1.07 | 0.91 | 1.10 | 2.21 | 2.12 |
| Mg | 5.39 | 5.77 | 5.76 | 5.29 | 5.77 | 5.70 | 5.23 | 5.53 |
| Ca | 0.10 | 0.08 | 0.05 | 0.17 | 0.04 | 0.03 | 0.00 | 0.00 |
| Na | 0.24 | 0.07 | 0.15 | 0.40 | 0.06 | 0.11 | 0.00 | 0.22 |
| K | 1.77 | 1.72 | 1.80 | 1.67 | 1.72 | 1.72 | 1.95 | 1.90 |
| F | 0.08 | 0.08 | 0.46 | 0.20 | 0.25 | 0.26 | ／ | ／ |

附表 11　纳米比亚 Swartbooisdrif 碳酸岩杂岩体中黑云母电子探针数据及计算的矿物化学参数

| 编号 | BT-L1 | BT-L1 | 2-BT1 | 2-BT1 | 2-BT2 | 2-BT2 | 2-BT2 | A-BT1 | A-BT1 |
|---|---|---|---|---|---|---|---|---|---|
| | | | | | 碳酸岩角砾岩 | | | | |
| | | | | 原始测试数据（引自 Drüppel et al.，2004） | | | | | |
| SiO$_2$ | 36.0 | 36.1 | 35.8 | 35.8 | 35.4 | 35.3 | 34.9 | 35.2 |
| TiO$_2$ | 2.83 | 2.73 | 2.75 | 2.68 | 2.44 | 2.53 | 3.4 | 3.44 |
| Al$_2$O$_3$ | 13.1 | 12.8 | 14.3 | 14.2 | 13.9 | 13.7 | 13.7 | 13.5 |
| FeO | 20.3 | 20.5 | 20.9 | 21.2 | 21.8 | 21.3 | 24.0 | 23.8 |
| MnO | 0.02 | 0.04 | 0.17 | 0.17 | 0.13 | 0.12 | 0.12 | 0.18 |
| MgO | 11.9 | 12.2 | 11.1 | 11.3 | 11.3 | 11.2 | 9.03 | 8.89 |
| Na$_2$O | 0.14 | 0.10 | 0.18 | 0.14 | 0.16 | 0.15 | 0.15 | 0.10 |
| K$_2$O | 9.84 | 9.63 | 9.54 | 9.49 | 9.26 | 9.27 | 9.64 | 9.57 |
| F | 2.40 | 2.11 | 1.61 | 1.54 | 2.59 | 2.17 | 0.92 | 1.06 |
| 合计 | 96.6 | 96.1 | 96.4 | 96.5 | 97.0 | 95.7 | 95.8 | 95.7 |
| | | | | 重新计算的参数（计算方法据林文蔚等，1994） | | | | | |
| Si | 5.60 | 5.62 | 5.53 | 5.53 | 5.52 | 5.54 | 5.49 | 5.54 |
| Al | 2.40 | 2.34 | 2.60 | 2.58 | 2.55 | 2.54 | 2.53 | 2.50 |
| Ti | 0.33 | 0.32 | 0.32 | 0.31 | 0.29 | 0.30 | 0.40 | 0.41 |
| Fe | 2.64 | 2.67 | 2.70 | 2.74 | 2.85 | 2.80 | 3.16 | 3.13 |
| Mg | 2.75 | 2.82 | 2.56 | 2.59 | 2.63 | 2.62 | 2.12 | 2.08 |
| Na | 0.04 | 0.03 | 0.05 | 0.04 | 0.05 | 0.05 | 0.05 | 0.03 |
| K | 1.95 | 1.91 | 1.88 | 1.87 | 1.84 | 1.86 | 1.93 | 1.92 |
| F | 1.19 | 1.05 | 0.80 | 0.76 | 1.29 | 1.09 | 0.46 | 0.53 |